Cord-Michael Haf

Taysir Cheaib

Multivariate Statistik in den Natur- und Verhaltenswissenschaften

Cord-Michael Haf
Taysir Cheaib

Multivariate Statistik in den Natur- und Verhaltenswissenschaften

Eine Einführung mit BASIC-Programmen und Programmbeschreibungen in Fallbeispielen

Friedr. Vieweg & Sohn   Braunschweig/Wiesbaden

CIP-Kurztitelaufnahme der Deutschen Bibliothek

Haf, Cord-Michael:
Multivariate Statistik in den Natur- und
Verhaltenswissenschaften: e. Einf. mit
BASIC-Programmen u. Programmbeschreibungen in
Fallbeispielen / Cord-Michael Haf; Taysir Cheaib.—
Braunschweig; Wiesbaden: Vieweg, 1985.
  ISBN 3-528-08595-9

NE: Cheaib, Taysir:

Dipl.-Psych. *Cord-Michael Haf* ist wissenschaftlicher Mitarbeiter am Max-Planck-Institut
für Psychiatrie, Kraepelinstr. 10, 8000 München 40

Dipl.-Ing. *Taysir Cheaib* ist wissenschaftlicher Angestellter des Laboratoriums für den
Konstruktiven Ingenieurbau (LKI) der Technischen Universität München, Materialprüfungsamt,
Theresienstr. 90, 8000 München 2

1985

Druck und buchbinderische Verarbeitung: W. Langelüddecke, Braunschweig
Printed in Germany

ISBN 3-528-08595-9

Vorwort

Der vorliegende Band behandelt eine Reihe ausgewählter und in der Forschungspraxis häufig eingesetzter Analysemethoden der multivariaten Statistik. Mit Hilfe multivariater Statistik ist es möglich, komplexere Datensätze zu verarbeiten und zu interpretieren. Die Funktion von Statistik, nämlich die Reduktion von Information, wird besonders bei multivariaten Verfahren deutlich.

Für empirisch orientierte Natur- und Verhaltenswissenschaftler ist es notwendig, sich bereits vor empirisch-statistischen Untersuchungen (auch Diplomarbeiten, Dissertation u. ä.) einen gewissen Grundstock von den Analysemethoden anzueignen oder sich darüber zumindest einen allgemeinen Überblick zu verschaffen. Deshalb wurde versucht, die einzelnen Verfahren in verständlichen und interessanten Beispielen aus verschiedenen Wissenschaften darzustellen (Biologie, Geologie, Ingenieurwissenschaften, Medizin, Psychologie und Soziologie).

Für eine Vielzahl kleinerer Studien und Pilotprojekte mit multivariater Fragestellung ist der Einsatz eines programmierbaren Taschenrechners zwar grundsätzlich möglich, aber wegen der häufig notwendigen Wiedereingabe von Zwischenergebnissen zu zeitaufwendig und fehleranfällig. Der Einsatz von sog. Heim- und Mikrocomputern, wie sie inzwischen preiswert angeboten werden, reicht für solche Anforderungen bereits vollauf.

Da jedes Kapitel mit Datenverarbeitungsprogrammen ausgestattet ist, konnten auch Verfahren behandelt werden, die nicht in den gebräuchlichen Statistik-Programm-Paketen (z.B. BMDP, SAS, SPSS) enthalten sind. Das gilt besonders für die Konfigurationsfrequenzanalysen (KFA), die Clusteranalyse nach Ward und die konfirmatorische Faktorenanalyse.

Wir danken an dieser Stelle Frau Gabriele Willer-Cheaib M.A.

für ihre Mitarbeit bei der Herstellung des Druckmanuskripts, Herrn Marcus Stransky für die Programmtestung auf einem 16kB Mikrocomputer und vor allem den Mitarbeitern des Vieweg-Verlags.

München, Unterschleißheim 1984   Die Verfasser

Inhalt

1 Einleitung

Univariate statistische Methoden dienen der Beschreibung von Häufigkeitsverteilungen und der Analyse von in verschiedene Gruppen aufgeteilten Stichproben hinsichtlich eines Merkmals (einfache Varianzanalyse). Mit bivariaten Methoden läßt sich der Zusammenhang zwischen zwei Variablen quantitativ bestimmen. Multivariate Analyseverfahren sind hauptsächlich Weiterentwicklungen uni-und bivariater Methoden und setzen zum Verständnis grundlegende Statistikkenntnisse voraus, wie sie entsprechende Lehrbücher oder Vorlesungen vermitteln.

Uni- und bivariate Statistik vermag die multivariaten Methoden nicht zu ersetzen, obwohl man bei der Lektüre von manchen wissenschaftlichen Arbeiten zu einer anderen Auffassung gelangen könnte. Selbst große Stiftungen wie auch namhafte Wissenschaftler unterstützten und akzeptierten Habilitationsarbeiten zu so wichtigen Themen wie z.B. "Fernstudium und Studienabbruch", die (ohne das intendiert zu haben) belegen, daß bei etwa 100 eindimensionalen Mittelwertsvergleichen auf dem 5% Signifikanzniveau ca. fünf Mittelwerte zufällig signifikant differieren. Bei dieser Art von "Suchstatistik" wird häufig übersehen, daß dieses Ergebnis ein Artefakt sein könnte.

Die zweite Art von Suchstatistik, wie sie mit den großen Statistik-Programm-Paketen möglich ist, führt zum Durchspielen der Daten mit allen verfügbaren multivariaten Methoden bis zu dem Punkt, an dem das Ergebnis annehmbar erscheint. Die Veröffentlichung solcher Ergebnisse dürfte wenig zum Erkenntnisgewinn beitragen. Deshalb plädieren wir für einen verantwortungsbewußten theorie- und hypothesengeleiteten Einsatz von statistischen Verfahren.

In der vorliegenden Arbeit werden die multivariaten Analysemethoden in drei Gruppen dargestellt: Mittelwertsvergleiche
(Kap. 2), taxometrische Verfahren (Kap. 3) und faktoranalytische Methoden (Kap. 4).

In Kapitel 2 beschäftigen wir uns mit verschiedenen Verfahren
des Mittelwertvergleichs. Die faktorielle Varianzanalyse (Abschnitt 2.1) und die faktorielle Kovarianzanalyse (2.2) lassen
sich als multivariate Verfahren hinsichtlich der unabhängigen
Variablen verstehen. Dabei untersucht man die Effekte der unabhängigen Variablen auf die abhängige(n) Variable(n). Bei der
Berücksichtigung von Kovariablen ist es möglich, die Fehlervarianz weiter zu reduzieren, ohne die Objektstichprobe ver-
größern zu müssen. Abschnitt 2.3 behandelt schließlich die
mehrdimensionale Varianzanalyse als multivariates Verfahren im
engeren Sinn (bezüglich der abhängigen Merkmale). Mit Hilfe
der mehrdimensionalen Varianzanalyse können mehrere abhängige
Variablen einem Mittelwertsvergleich unterzogen werden, ohne
daß man deren Interkorrelationen vernachlässigen muß.

Kapitel 3 beschreibt die wichtigsten taxometrischen Methoden:
die Clusteranalyse und die Konfigurationsfrequenzanalyse
(KFA). Mit der Clusteranalyse (3.1) stellen wir Methoden zur
deskriptiven Gruppenbildung von Objekten oder Variablen vor.
Auf der Grundlage definierter Algorithmen werden Objekt- oder
Merkmalscluster errechnet, die in sich möglichst homogen sind
und sich untereinander weitestgehend unterscheiden. Die KFA
ist eine Methode zur konfiguralen Typendefinition nach dem
Modell der mehrdimensionalen Kontingenzanalyse. Bei der Einstichproben-KFA vergleicht man die beobachteten Konfigurationsfrequenzen mit den theoretisch erwarteten Häufigkeiten.
Überfrequente Konfigurationen sind als "Typen" und unterfrequente Konfigurationen als "Antitypen" definiert. Die Zwei-
und Mehrstichproben-KFA vergleicht Konfigurationen über zwei
und mehr Stichproben zum Zwecke der Kreuzvalidierung.

Kapitel 4 stellt faktoranalytische Methoden vor, die der Da-

tenreduktion und der orthogonalen Transformation korrelieren-
der Variablen dienen. Die exploratorische Faktorenanalyse
verwendet man, wenn für einen Datensatz noch keine Hypothesen
vorliegen (4.2.1). Zur orthogonalen Rotation der Faktoren wird
das VARIMAX-Verfahren von Kaiser verwendet (4.2.2). Gibt es
bereits Erwartungen zur Faktorenanzahl und zum Ladungsmuster,
so kann mittels der konfirmatorischen Faktorenanalyse auf
die Hypothesenfaktoren hin rotieren werden (4.3).

Im Anhang erläutern wir kurz die grundlegende Matrix-
operationen und deren Umsetzung in BASIC-Algorithmen.

Auf die multivariate Regressions- bzw. kanonische Regressions-
analyse wird an dieser Stelle nicht weiter eingegangen, da es
zu diesen Verfahren vergleichbare Veröffentlichungen gibt.
Diskriminanzanalytische Verfahren behandeln wir zusammen mit
weiteren Clusteranalysen als Weiterführung des Modells der
mehrdimensionalen Varianzanalyse in einem zweitem Band ausführlich.

Die einzelnen Abschnitte sind in sich abgeschlossen und können
deshalb unabhängig voneinander gelesen werden. Zu den meisten
der hier vorgestellten Methoden gibt es inzwischen umfang-
reiche Literatur. Für die weitere Vertiefung findet der Leser
am Ende jedes Kapitels eine Literaturliste. Besonders ein-
gängige Einführungen sind mit einem Stern (*) versehen.

Die Dimensionierung der Variablen in den Programmen wird immer
von der Speicherkapazität des jeweiligen Mikrocomputers abhän-
gig sein und kann auf einfache Weise über die DIM-Anweisung
angepaßt werden.

Aufstellung der Fachbereiche, aus denen die Beispiele zu den einzelnen Abschnitten entnommen sind:

Methode	Fachbereich
Faktorielle Varianz- und Kovarianzanalyse	Ingenieurwissenschaft, Biologie (Zoologie)
Mehrdimensionale Varianzanalyse	Geologie
Clusteranalyse	Biologie (Botanik)
Konfigurationsfrequenzanalysen	Sozialwissenschaft, Soziologie
Exploratorische Faktorenanalyse	Psychologie
Konfirmatorische Faktorenanalyse	Psychophysiologie

2 Mittelwertsvergleiche

Die Varianzanalyse wurde 1923 von R. A. Fisher entwickelt und ist heute eines der bekanntesten statistischen Test- und Analyseverfahren. Heute gibt es eine Vielzahl von Modellen und Forschungsdesigns (vgl. R. E. Kirk: Experimental Designs. Procedures for the Behavioral Sciences. Belmont 1968).

Bei der Varianzanalyse versucht man die Gesamtvarianz nach verschieden Quellen der Variation zu spalten. Es lassen sich vor allem auch Interaktionseffekte auf diese Weise numerisch nachweisen.

Eine kurze Einführung in die einfache Varianzanalyse gibt z.B. Hanns Ackermann (BASIC in der medizinischen Statistik. Braunschweig 1977, S.96 ff.). Die Varianzanalyse mit jeweils einer abhängigen und einer unabhängigen Variable wird deshalb hier nicht weiter behandelt. Auf die didaktisch sehr gute und umfangreichere Einführung in die Methoden der Varianzanalyse von E. Eimer (1978) sei an dieser Stelle hingewiesen.

In diesem Kapitel gehen wir auf drei Methoden des Mittelwertsvergleich ein: Faktorielle Varianz-, Kovarianz- und mehrdimensionale Varianzanalysen. Da es uns hier ausschließlich um die Vergleiche von Mittelwerten geht (Varianzanalysen mit festen Effekten) beschäftigen wir uns nicht weiter mit der Auswertung von Daten mit zufälligen Effekten.

2.1 Faktorielle VARIANZANALYSE

Als Einstieg in die Besprechung multivariater Methoden der Statistik wählen wir die 2-fache Varianzanalyse (p*q-faktorielle Varianzanalyse). Der 2-fachen Varianzanalyse liegt das folgende lineare Modell zugrunde:

$$X_{ijk} = \mu + \alpha_i + \beta_j + (\alpha\beta)_{ij} + \varepsilon_{ijk}$$

$$(1) \quad (2) \quad (3) \quad (4) \quad (5) \quad (6)$$

Die Meßwerte X_{ijk} (1) der abhängigen Variable setzen sich demnach zusammen aus:

      (2)   dem Mittelwert als dem "wahren Wert", um den herum die Meßwerte streuen;

      (3)   der Abweichung vom Mittelwert als Effekt der unabhängigen Variable A;

      (4)   der Abweichung vom Mittelwert als Effekt der unabhängigen Variable B;

      (5)   der Abweichung vom Mittelwert als Effekt der Wechselbeziehung zwischen den Variablen A und B;

      (6)   den unsystematischen Fehler ε_{ijk}.

Bei der Varianzanalyse muß vorausgesetzt werden, daß die Werte der abhängigen Variablen in den Zellen dem Normalverteilungsmodell entsprechen. Trifft diese Voraussetzung nicht zu, kann versucht werden, durch eine Transformation der Daten (vgl. Linder & Berchtold 1982) doch noch die Grundlage für eine Varianzanalyse zu schaffen. Die Daten der abhängigen Variable müssen darüberhinaus unabhängig voneinander erhoben sein und aus Grundgesamtheiten mit gleicher Varianz entstammen.

Modell der Streuungszerlegung einer zweifachen Varianzanalyse
(nach E. Eimer, 1978):

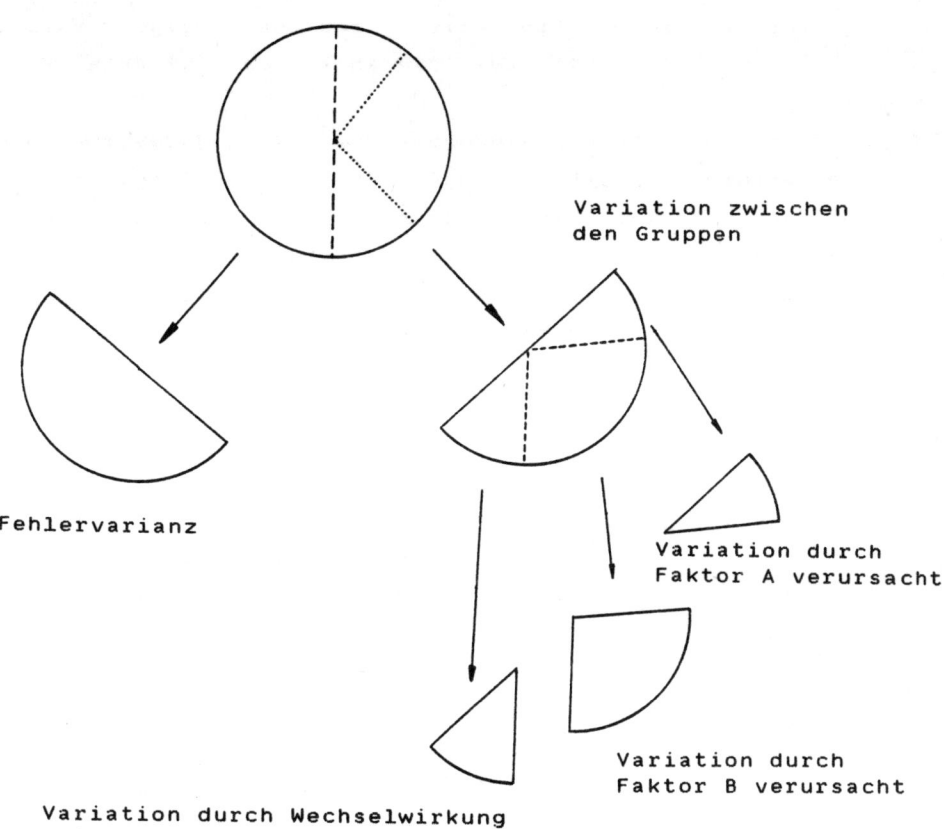

Gesamtvariabilität

Variation zwischen
den Gruppen

Fehlervarianz

Variation durch
Faktor A verursacht

Variation durch
Faktor B verursacht

Variation durch Wechselwirkung
zwischen den Faktoren A und B
verursacht

Mit der oben formulierten 2-fachen Varianzanalyse läßt sich der Einfluß von zwei unabhängigen Variablen (A und B) auf eine abhängige Variable untersuchen. Dabei können dreierlei Effekte auftreten:

1. Die unabhängige Variable A wirkt auf die abhängige Variable ein.

2. Die unabhängige Variable B wirkt auf die abhängige Variable ein.

3. Der Interaktionseffekt der unabhängigen Variablen A und B wirkt auf die abhängige Variable ein.

Zur statistischen Prüfung der drei Wirkungszusammenhänge werden Signifikanztests durchgeführt. Das Signifiganzniveau α der F-Tests wird für die Nullhypothesen $H_{0(A)}$, $H_{0(B)}$ und $H_{0(AB)}$ vor Beginn der Datenerhebung festgelegt (z.B.: $\alpha=0.05$). Der Bequemlichkeit halber werden die Signifikanzwerte im anschließenden Programm berechnet; die F-Werte sind dennoch ausgedruckt.

Für den Fall:

$p_A > \alpha$ gelte $H_{0(A)}$: Es besteht wahrscheinlich kein Einfluß der unabhängigen Variable A (in unserem Beispiel unten: Pferderasse) auf die abhängige Variable (im Beispiel: Geschwindigkeit);

$p_A > \alpha$ gelte $H_{0(B)}$: Es besteht wahrscheinlich kein Einfluß der unabhängigen Variable (in Beispiel: Fütterungsmethode) auf die abhängige Variable;

$p_{AB} > \alpha$ gelte $H_{0(AB)}$: Es besteht wahrscheinlich kein Wechselwirkungseffekt der unabhängigen Variablen A und B auf die abhängige Variable.

In allen diesen drei Fällen wird die Nullhypothese beibehalten. Für die Fälle:

$p_A \leqslant \alpha$ gelte $H_{1(A)}$: Es besteht wahrscheinlich ein Effekt auf die abhängige Variable;

$p_B \leqslant \alpha$ gelte $H_{1(B)}$: Variable B hat wahrscheinlich einen Effekt auf die abhängige Variable;

$p_{AB} \leqslant \alpha$ gelte $H_{1(AB)}$: Mit der Wechselwirkung der Variablen A und B ist wahrscheinlich ein Effekt auf die abhängige Variable verbunden.

werden die Nullhypothesen verworfen und die Alternativhypothesen angenommen.

Anwendungsbeispiel

Ein Agraringenieur will wissen, ob die Art der üblichen Fütterungsmethode (Normalfutter, Normalfutter mit Leistungsfutterzugabe, Normalfutter mit Elektrolytzugabe) und/oder die eingesetzten Vollblutrasse (Araber, Berber, Engl. Vollblut, Irisches Vollblut) einen Einfluß auf die Höchstgeschwindigkeit der Tiere bei Pferderennen haben. Zur Prüfung seiner Hypothese legt er ein Signifikanzniveau von $\alpha = 0.05$ fest.

Die Fütterungsmethode sei die unabhängige Variable A,
die Pferderasse sei die unabhängige Variable B,
die Geschwindigkeit der Tiere wäre die abhängige Variable.

Datentabelle

Rasse (B) Futter- mittel (A)	Araber	Berber	Engl. Vollblut	Irisches Vollblut
Normal- futter	55,52, 61,46, 50,39, 58,47	60,52, 38,45, 37,40, 46,49	49,62, 53,47, 50,59, 43,60	55,65, 48,54, 50,59, 48,52
Normal- futter mit Leistungs- futterzugabe	56,50, 43,60, 54,53, 49,51	51,40, 43,55, 44,39, 45,59	47,61, 49,58, 39,64, 65,59	60,45, 47,69, 38,62, 59,63
Normal- futter mit Elektro- lytzusatz	45,51, 49,47, 42,53, 61,38	50,59, 38,47, 39,48, 51,55	59,59, 48,55, 51,37, 54,60	39,55, 61,54, 47,62, 48,59

Ergebnis

```
ANZAHL DER UNTERTEILUNGEN DER UNABH. VARIABLEN A (MAX. 10): 3
ANZAHL DER UNTERTEILUNGEN DER UNABH. VARIABLEN B (MAX. 5): 4
ANZAHL DER UNABH. MESSWIEDERHOLUNGEN PRO GRUPPE (MAX. 20): 8
GEKREUZTE ODER HIERARCHISCHE KLASSIFIZIERUNG (0 BZW. 1) 0
SIGNIFIKANZNIVEAU ALPHA: .05
```

                              MESSWERTE
                              ****

```
A1, B1:   55.0   52.0   61.0   46.0   50.0   39.0   58.0   47.0
A1, B2:   60.0   52.0   38.0   45.0   37.0   40.0   46.0   49.0
A1, B3:   49.0   62.0   53.0   47.0   50.0   59.0   43.0   60.0
A1, B4:   55.0   65.0   48.0   54.0   50.0   59.0   48.0   52.0
A2, B1:   56.0   50.0   43.0   60.0   54.0   53.0   49.0   51.0
A2, B2:   51.0   40.0   43.0   55.0   44.0   39.0   45.0   59.0
A2, B3:   47.0   61.0   49.0   58.0   39.0   64.0   65.0   59.0
A2, B4:   60.0   45.0   47.0   69.0   38.0   62.0   59.0   63.0
A3, B1:   45.0   51.0   49.0   47.0   61.0   38.0   42.0   53.0
A3, B2:   50.0   59.0   38.0   47.0   51.0   55.0   39.0   48.0
A3, B3:   59.0   59.0   48.0   55.0   54.0   60.0   51.0   37.0
A3, B4:   39.0   55.0   61.0   54.0   48.0   59.0   47.0   62.0
```

```
                        MITTELWERTE
                        ***********

            B 1         B 2         B 3         B 4         INSGES.
-------------------------------------------------------------------------
A 1        51.000      45.875      52.875      53.875      50.9063
A 2        52.000      47.000      55.250      55.375      52.4063
A 3        48.250      48.375      52.875      53.125      50.6563
-------------------------------------------------------------------------
INSGES.    50.417      47.083      53.667      54.125
```

VARIANZTAFEL (GEKREUZTE KLASSIFIZIERUNG)
****

QUELLE	QUADRAT-SUMMEN	FREIHEITS-GRADE	MITTLERE QUADRATE	F-QUOTIENT	P-WERT	SIGN
A	57.333	2	28.667	0.496	0.6163	N
B	771.365	3	257.122	4.450	0.0062	S
INT(AB)	79.167	6	13.194	0.228	0.9652	N
REST	4853.130	84	57.775			
GESAMT	5760.990	95	60.642			

Auf dem Signifikanzniveau von $\alpha = 0.05$

- besteht kein Zusammenhang zwischen der Laufgeschwindigkeit und der Fütterungsmethode. Die alternativen Fütterungsmethoden mit Normalfutter, Normalfutter plus Leistungsfutterzusatz und Normalfutter plus Elektrolytzusatz haben wahrscheinlich keinen Effekt auf die Laufgeschwindigkeit der Tiere, da

$$P_A = 0.616 > \alpha = .05 \ (N).$$

- besteht ein Zusammenhang zwischen der Laufgeschwindigkeit und der Vollblutpferderasse. Die Rasse der Tiere entscheidet demnach deren Geschwindigkeit, da

$$P_A = 0.006 < \alpha = .05 \ (S).$$

- besteht wahrscheinlich kein Wechselwirkungseffekt, da

$$P_A = 0.228 > \alpha = .05 \ (N).$$

Aufgrund dieses Ergebnisses verzichtet man auf die Futterzusätze, da kein Effekt davon erwartet wird.

Verschiedene Autoren empfehlen, falls die Zellen unterschied-
lich besetzt sind, zunächst zu versuchen, mit einer Zufalls-
elimination einiger Daten proportionale Zellenfrequenzen
herzustellen. Erst wenn das nicht möglich ist, sollte das
Verfahren der ungewichteten Mittelwerte bei den fehlenden
Werten eingesetzt werden.

Analog zum besprochenen 2-faktoriellen Modell läßt sich die
3-fache Varianzanalyse beschreiben:

$$X_{ijkl} = \mu + \alpha_i + \beta_j + \gamma_k + (\alpha\beta)_{ij} + (\alpha\gamma)_{ik} + (\beta\gamma)_{jk} +$$

$$+ (\alpha\beta\gamma)_{ijk} + \varepsilon_{ijkl}$$

ebenso die 4-fache, usw.

Berücksichtigt man alle möglichen Wechselwirkungseffekte (wie
oben), handelt es sich um eine gekreuzte Varianzanalyse. Das
beigefügte BASIC-Programm berechnet auch die hierarchische
Varianzanalyse nach dem Modell:

$$X_{ijk} = \mu + \alpha_i + \beta_{(i)j} + \varepsilon_{ijk} \ .$$

Tafel zur p*q-faktoriellen Varianzanalyse

Variations-quelle	Quadratsumme QS	Freiheitsgrad FG	Mittleres Quadrat MQ	F-Werte
Faktor A	QS_a	$p-1$	$MQ_a = QS_a/(p-1)$	MQ_a/MQ_f
Faktor B	QS_b	$q-1$	$MQ_b = QS_b/(q-1)$	MQ_b/MQ_f
Faktor AB	QS_{ab}	$(p-1)(q-1)$	$MQ_{ab} = QS_{ab}/(p-1)(q-1)$	MQ_{ab}/MQ_f
Fehler(Rest)	QS_f	$pq(n-1)$		
Summe	$\Sigma\ QS_*$	$pqn-1$		

Programm (11165 Bytes)

```
10 REM * ZWEIFACHE VARIANZANALYSE * T. CHEAIB - C.-M. HAF *
20 DIM X(10,5,20),X1(10),X2(5),X9(10,5),Q(6),D(6),S(6),F(4),
      S$(6),P$(4),P1(4)
30 READ S$(1),S$(2),S$(3),S$(4),S$(5),S$(6),Y
40 DATA "A","B","INT(AB)","B(A)","REST","GESAMT",0
50 D$="---------------------------------"
60 D$=D$+D$
70 A0$="ANZAHL DER "
80 PRINT "         ********************************************"
90 PRINT "         *       P*Q-FAKTORIELLE VARIANZANALYSE      *"
100 PRINT"         ********************************************"
110 PRINT
120 REM - GEKREUZTE BZW. HIERARCHISCHE 2-FACHE KLASSIFIZIERUNG
130 READ N1,N2,N3,N9,A9
140 PRINT A0$;"UNTERTEILUNGEN DER UNABH. VARIABLEN A";
               "(MAX. 10):";N1
150 PRINT A0$;"UNTERTEILUNGEN DER UNABH. VARIABLEN B";
               "(MAX. 5):";N2
160 PRINT A0$;"UNABH. MESSWIEDERHOLUNGEN PRO GRUPPE";
               "(MAX. 20):";N3
170 IF N1=<10 AND N2=<5 AND N3=<20 THEN 200
180 PRINT "  +++ PARAMETER ZU GROSS"
190 GOTO 1870
200 REM --- SCHALTER N9: N9=0 GEKREUZTE, N9=1 GENISTETE
210 PRINT "GEKREUZTE ODER HIERARCHISCHE KLASSIFIZIERUNG";
          "(0 BZW. 1)";N9
220 PRINT "SIGNIFIKANZNIVEAU ALPHA:";A9
230 REM --- LESEN DER DATEN UND WERTE MIT NULL VORBESETZEN
240 PRINT
250 PRINT
260 PRINT "         MESSWERTE"
270 PRINT "         *********"
280 PRINT
290 FOR I=1 TO N1
300    X1(I)=0
310    FOR J=1 TO N2
320            X2(J)=0
330            X9(I,J)=0
340            PRINT "  A";I;", B";J;": ";
350            FOR K=1 TO N3
360                    READ X(I,J,K)
370                    PRINT USING" ####.#";X(I,J,K);
380                    GOSUB 1840
390            NEXT K
400            PRINT
410    NEXT J
420 NEXT I
430 FOR I=1 TO 6
440    Q(I)=0
450 NEXT I
460 REM --- BERECHNUNG ALLER MITTELWERTE
470 FOR I=1 TO N1
480    FOR J=1 TO N2
490            FOR K=1 TO N3
```

14

```
500                    X9(I,J)=X9(I,J)+X(I,J,K)
510          NEXT K
520            X9(I,J)=X9(I,J)/N3
530            X1(I)=X1(I)+X9(I,J)
540      NEXT J
550    X1(I)=X1(I)/N2
560 NEXT I
570 FOR J=1 TO N2
580    FOR I=1 TO N1
590            X2(J)=X2(J)+X9(I,J)
600    NEXT I
610    X2(J)=X2(J)/N1
620    Y=Y+X2(J)
630 NEXT J
640 Y=Y/N2
650 REM --- BERECHNUNG DER QUADRATSUMMEN
660 FOR I=1 TO N1
670    Q(1)=Q(1)+(X1(I)-Y)^2
680    FOR J=1 TO N2
690            Q(3)=Q(3)+(X9(I,J)+Y-X1(I)-X2(J))^2
700            FOR K=1 TO N3
710                    Q(5)=Q(5)+(X(I,J,K)-X9(I,J))^2
720                    Q(6)=Q(6)+(X(I,J,K)-Y)^2
730            NEXT K
740    NEXT J
750 NEXT I
760 FOR J=1 TO N2
770    Q(2)=Q(2)+(X2(J)-Y)^2
780 NEXT J
790 Q(1)=Q(1)*N2*N3
800 Q(2)=Q(2)*N1*N3
810 Q(3)=Q(3)*N3
820 Q(4)=Q(2)+Q(3)
830 REM --- FREIHEITSGRADE
840 D(1)=N1-1
850 D(2)=N2-1
860 D(3)=D(1)*D(2)
870 D(4)=D(2)+D(3)
880 D(5)=N1*N2*(N3-1)
890 D(6)=N1*N2*N3-1
900 REM --- MITTLERE QUADRATE
910 FOR I=1 TO 6
920    S(I)=Q(I)/D(I)
930 NEXT I
940 REM --- F-QUOTIENTEN UND SIGNIFIKANZEN BERECHNEN
950 F2=D(5)
960  FOR I=1 TO 4
970    F(I)=S(I)/S(5)
980    P$(I)="S"
990    F1=D(I)
1000    F5=F(I)
1010    GOSUB 1630
1020    P1(I)=P
1030   IF P>A9 THEN LET P$(I)="N"
1040 NEXT I
1050 REM --- AUSGABE
```

```
1060 PRINT
1070 PRINT "   MITTELWERTE"
1080 PRINT "   ***********"
1090 PRINT
1100 FOR J=1 TO N2
1110   PRINT TAB(2+J*10);"B";J;
1120 NEXT J
1130 PRINT TAB(65);"INSGES."
1140 PRINT D$
1150 FOR I=1 TO N1
1160   PRINT "A";I;
1170   FOR J=1 TO N2
1180       PRINT TAB(J*10);USING"####.###";X9(I,J);
1190   NEXT J
1200   PRINT TAB(64);X1(I)
1210 NEXT I
1220 PRINT D$
1230 PRINT "INSGES.";
1240 FOR J=1 TO N2
1250   PRINT TAB(J*10);USING"####.###";X2(J);
1260 NEXT J
1270 PRINT
1280 PRINT
1290 PRINT
1300 IF N9=0 THEN PRINT "   VARIANZTAFEL (GEKREUZTE";
     "KLASSIFIZIERUNG)"
1310 IF N9<>0 THEN PRINT "   VARIANZTAFEL (HIERARCHISCHE";
     "KLASSIFIZIERUNG)"
1320 PRINT "   ************"
1330 PRINT
1340 PRINT "QUELLE    QUADRAT-   FREIHEITS-   MITTLERE";
1350 PRINT "  F-QUOTIENT   P-      SIGN."
1360 PRINT "          SUMMEN    GRADE        QUADRATE";
     "          WERT"
1370 PRINT D$
1380 FOR I=1 TO 4
1390   IF I=1 THEN 1440
1400   IF I=4 THEN 1430
1410   IF N9<>0 THEN 1460
1420   GOTO 1440
1430   IF N9=0 THEN 1460
1440   PRINT S$(I);TAB(9);USING" #####.### & ####";Q(I);
       "     ";D(I);
1450   PRINT USING" ######.###    ######.### ###.####    &";
     S(I);F(I);P1(I);P$(I)
1460 NEXT I
1470 FOR I=5 TO 6
1480   PRINT S$(I);TAB(9);USING" #####.### & ####";Q(I);
       "     ";D(I);
1490   PRINT USING" ######.###   ";S(I)
1500 NEXT I
1510 GOTO 1870
1520 REM --- DATEN
1530 DATA 3,4,8,0,.05
1540 REM --- UNTERTEILUNG A(1),B(1 BIS 4)
1550 DATA 55,52,61,46,50,39,58,47,60,52,38,45,37,40,46,49
```

```
1560 DATA 49,62,53,47,50,59,43,60,55,65,48,54,50,59,48,52
1570 REM --- A(2),B(1 BIS 4)
1580 DATA 56,50,43,60,54,53,49,51,51,40,43,55,44,39,45,59
1590 DATA 47,61,49,58,39,64,65,59,60,45,47,69,38,62,59,63
1600 REM --- A(3),B(1 BIS 4)
1610 DATA 45,51,49,47,61,38,42,53,50,59,38,47,51,55,39,48
1620 DATA 59,59,48,55,54,60,51,37,39,55,61,54,48,59,47,62
1630 REM *** SUBPROG SIGNIFIKANZEN
1640 P=1
1650 IF F1<>0 AND F2<>0 AND F5<>0 THEN 1680
1660 PRINT "FEHLER: DIVISION DURCH NULL"
1670 GOTO 1830
1680 IF F5<1 THEN 1730
1690 A=F1
1700 B=F2
1710 F=F5
1720 GOTO 1760
1730 A=F2
1740 B=F1
1750 F=1/F5
1760 A2=2/(9*A)
1770 B2=2/(9*B)
1780 Z=ABS(((1-B2)*F^.333333-1+A2)/SQR(B2*F^.666667+A2))
1790 IF B>=4 THEN 1810
1800 Z=Z*(1+.08*Z^4/B^3)
1810 P=.5/(1+Z*(.196854+Z*(.115194+Z*(.000344+Z*.0195227))))^4
1820 IF F5<1 THEN LET P=1-P
1830 RETURN
1840 REM *** UP NEW LINE
1850 IF K-INT(K/10)*10=0 THEN PRINT
1860 RETURN
1870 END
```

2.2 Faktorielle KOVARIANZANALYSE

Ist zu erwarten, daß die Fehlervarianz durch eine kontrollierbare Variable reduziert werden könnte, wäre es besser, eine erweiterte Varianzanalyse, wie sie die Kovarianzanalyse darstellt, einzusetzen. Mit Hilfe der Kovarianzanalyse läßt sich der Einfluß einer Kontrollvariablen prüfen, ohne eine größere Objektstichprobe ziehen zu müssen. Der Einfluß der Kontrollvariablen läßt sich eliminieren. Wählen wir noch einmal unser Anwendungsbeispiel der zweifachen Varianzanalyse: Als Einflußvariable auf die Höchstgeschwindigkeit der Vollblüter wurden die Fütterungsmethode (Faktor A) und die Rasse der Tiere (Faktor B) untersucht. Das Ergebnis dieser Studie gilt aber nur für den Fall vergleichbarer Randbedingungen. Ein beachtlicher Teil der Fehlervarianz könnte sich z.B. daraus ergeben, daß die Pferde unterschiedliches Alter hatten. Die Höchstgeschwindigkeit eines älteren Tieres dürfte entsprechend niedriger liegen. Aus dem Unterschied der Gesamtquadratsummen von Varianz- und Kovarianzanalyse an der Gesamtvariabilität errechnet sich der Anteil der Höchstgeschwindigkeit auf Grund der Altersunterschiede der Tiere. Nach dem Herauspartialisieren des Varianzteils aufgrund des Alters läßt sich die Kovarianzanalyse genauso interpretieren wie vorher die Varianzanalyse.

Modell der Streuungszerlegung einer zweifachen Kovarianzanalyse (frei nach E. Eimer, 1978):

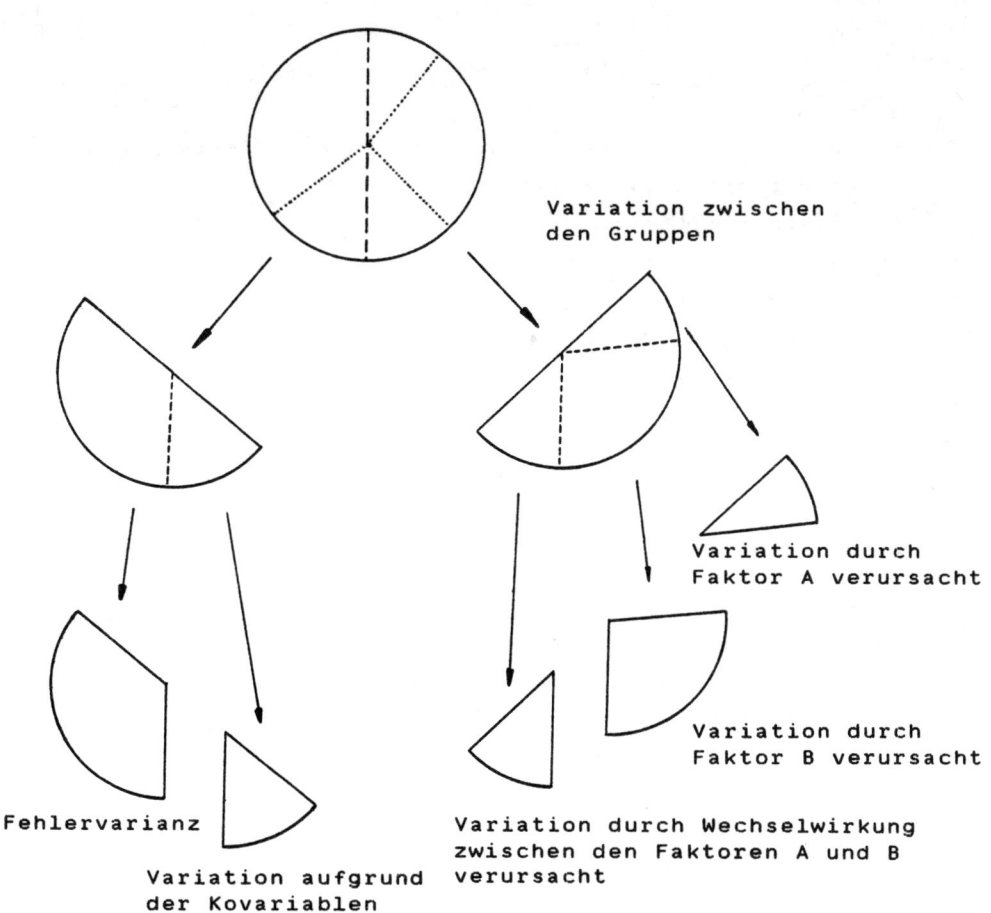

Gesamtvariabilität

Variation zwischen
den Gruppen

Variation durch
Faktor A verursacht

Variation durch
Faktor B verursacht

Fehlervarianz

Variation durch Wechselwirkung
zwischen den Faktoren A und B
verursacht

Variation aufgrund
der Kovariablen

Für die Kovarianzanalyse eines 2-faktoriellen Experiments gilt als allgemeines lineares Modell:

$$y_{ijk} = \mu + \alpha_j + \beta_k + (\alpha\beta)_{jk} + \beta(X_{ijk} - \overline{X}) + \varepsilon_{ijk}$$

Nach der Korrektur erhalten wir wieder die bekannte Varianz-gleichung:

$$y_{ijk}^{kor} = y_{ijk} - \beta(X_{ijk} - \overline{X}) = \mu + \alpha_j + \beta_k + (\alpha\beta)_{jk} + \varepsilon_{ijk}$$

β = Steigung der Regressiongeraden der Effektvariablen Y
    gegenüber der Kovaribalen X;

μ = allgemeines Mittel;

α_j = Effekt der j-ten Stufe des Faktors A;

β_k = Effekt der k-ten Stufe des Faktors B;

$\alpha\beta_{jk}$ = Interaktionseffekt;

ε_{ijk} = unsystematischer Fehler.

Nach Ausschluß der Kovariablen lassen sich wie bei der Vari-anzanalyse u.U. wieder drei Effekte feststellen:

1. Variable A hat einen Effekt auf die abhängige Variable,
2. Variable B hat einen Effekt auf die abhängige Variable,
3. Der Interaktionseffekt der Variablen A und B wirkt auf die abhängige Variable,

wenn gilt: $p_A \leqslant \alpha$; $p_B \leqslant \alpha$; $p_{AB} \leqslant \alpha$.

Dafür werden die Nullhypothesen geprüft:

$H_{0(A)}$: $\mu_{1.} = \mu_{2.} = \ldots \mu_{p.}$ (Gleichheit der Wirkungen des Fak-
                               tors A auf allen p Stufen)

$H_{0(B)}$: $\mu_{.1} = \mu_{.2} = \ldots \mu_{.q}$ (Gleichheit der Wirkungen des Fak-
                               tors B auf allen q Stufen)

$H_{0(AB)}$: $\mu_{11} = \ldots = \mu_{ij} = \ldots \mu_{pq}$
                               (Gleichheit der Wechselwirkungen

der Faktoren A und B auf allen
möglichen Stufen)

Falls: $p_A > \alpha$; $p_B > \alpha$; $p_{AB} > \alpha$ können die Nullhypothesen
verworfen und die Alternativhypothesen angenommen werden.

Die Alternativhypothesen lauten:

$H_{1(A)}$: Nicht alle $\mu_{i.}$ sind gleich,
$H_{1(B)}$: Nicht alle $\mu_{.j}$ " " ,
$H_{1(AB)}$: Nicht alle μ_{ij} " " .

A,B   Faktorvariable in p,q Faktorstufen
X   Kovariable
Y   Effektvariable
A_i,B_j -Zellen enthalten die Zufallstichprobengröße von n_{ij}

Für jedes Untersuchungsobjekt o (o = 1,...,n_{ij}) gibt es x_{ijo}
Meßwerte zur Kovariablen X und y_{ijo} Meßwerte zur Effektvariablen Y.

Anwendungsbeispiel

Der Futtermittelhersteller gibt dem Agraringenieur (s. Kap.
2.1) zu bedenken, daß die Geschwindigkeitsunterschiede der
Pferde vielleicht erst dann nachweisbar sind, wenn man das
Alter der Pferde berücksichtigt:

        Y = Geschwindigkeit in km/h,
        X = Alter in Jahren.

Datentabelle

Rasse (B)　　　Futter-mittel (A)	Araber		Berber		Engl. Vollblut		Irisches Vollblut	
	Y	X	Y	X	Y	X	Y	X
Normal-futter	55	4	60	3	49	3	55	5
	52	7	52	9	62	5	65	4
	61	5	38	10	53	8	48	9
	46	10	45	7	47	11	54	7
	50	6	37	8	50	4	50	10
	39	12	40	5	59	7	59	3
	58	4	46	6	43	9	48	6
	47	8	49	4	60	5	52	5
Normal-futter mit Leistungs-futterzugabe	56	6	51	7	47	5	60	3
	50	3	40	10	61	3	45	8
	43	9	43	9	49	9	47	8
	60	7	55	4	48	7	69	3
	54	4	44	6	39	12	38	10
	53	8	39	6	64	4	62	5
	49	9	45	5	65	3	59	4
	51	5	59	3	59	4	63	6
Normal-futter mit Elektro-lytzusatz	45	9	50	5	59	3	39	8
	51	5	59	4	59	4	55	5
	45	8	38	10	48	12	51	3
	47	7	47	9	55	7	54	5
	42	8	39	7	51	8	47	9
	53	3	48	8	37	10	62	4
	61	4	51	5	54	6	48	6
	38	6	55	4	60	5	59	3

Ergebnis

ANZAHL DER UNTERTEILUNGEN DER UNABH. VARIABLEN A (MAX. 7): 3
ANZAHL DER UNTERTEILUNGEN DER UNABH. VARIABLEN B (MAX. 7): 4
ANZAHL DER UNABH. MESSWIEDERHOLUNGEN PRO GRUPPE (MAX. 14): 8
SIGNIFIKANZNIVEAU ALPHA: .05

MESSWERTE
****

	Y	X		Y	X
A1, B1:	55.000	4.000	A1, B2:	60.000	3.000
	52.000	7.000		52.000	9.000
	61.000	5.000		38.000	10.000
	46.000	10.000		45.000	7.000
	50.000	6.000		37.000	8.000
	39.000	12.000		40.000	5.000

	58.000	4.000		46.000	6.000
	47.000	8.000		49.000	4.000
A1, B3:	49.000	3.000	A1, B4:	55.000	5.000
	62.000	5.000		65.000	4.000
	53.000	8.000		48.000	9.000
	47.000	11.000		54.000	7.000
	50.000	4.000		50.000	10.000
	59.000	7.000		59.000	3.000
	43.000	9.000		48.000	6.000
	60.000	5.000		52.000	5.000
A2, B1:	56.000	6.000	A2, B2:	51.000	7.000
	50.000	3.000		40.000	10.000
	43.000	9.000		43.000	9.000
	60.000	7.000		55.000	4.000
	54.000	4.000		44.000	6.000
	53.000	8.000		39.000	6.000
	49.000	9.000		45.000	5.000
	51.000	5.000		59.000	3.000
A2, B3:	47.000	5.000	A2, B4:	60.000	3.000
	61.000	3.000		45.000	8.000
	49.000	9.000		47.000	8.000
	58.000	7.000		69.000	3.000
	39.000	12.000		38.000	10.000
	64.000	4.000		62.000	5.000
	65.000	3.000		59.000	4.000
	59.000	4.000		63.000	6.000
A3, B1:	45.000	9.000	A3, B2:	50.000	5.000
	51.000	5.000		59.000	4.000
	49.000	8.000		38.000	10.000
	47.000	7.000		47.000	9.000
	42.000	8.000		39.000	7.000
	53.000	3.000		48.000	8.000
	61.000	4.000		51.000	5.000
	38.000	6.000		55.000	4.000
A3, B3:	59.000	3.000	A3, B4:	39.000	8.000
	59.000	4.000		55.000	5.000
	48.000	12.000		61.000	3.000
	55.000	7.000		54.000	5.000
	51.000	8.000		47.000	9.000
	37.000	10.000		62.000	4.000
	54.000	6.000		48.000	6.000
	60.000	5.000		59.000	3.000

```
                        VARIANZTAFEL
                        ************
```

QUELLE	QUADRAT-SUMMEN	FREIHEITS-GRADE	MITTLERE QUADRATE	F-QUOTIENT	P-WERT	SIGN
A	2.112	2	1.056	0.330	0.7247	N
B	28.873	3	9.624	3.008	0.0341	S
INT(AB)	14.497	6	2.416	0.755	0.6089	N
REST	265.561	83	3.200			
GESAMT	311.044	94	16.296			

Die Einbeziehung der Kovariable "Alter" verändert die Ergebnisse der Datenanalyse nicht mehr. Das teure Spezialfutter
wird folglich abgesetzt.

Programm   (14058 Bytes)

```
10 REM * KOVARIANZANALYSE * T. CHEAIB - C.-M. HAF *
20 DIM Y(7,7,14),X(7,7,14),A5(7,7),A0(7),A1(7),A6(7,7),B0(7),
       B1(7)
30 DIM Q(5),D(5),Z(3,4),S$(5)
40 READ S$(1),S$(2),S$(3),S$(4),S$(5),A0$
50 READ G0,G1,Y1,Y2,Y3,Y4,Y5,X1,X2,X3,X4,X5,Z1,Z2,Z3,Z4,Z5
60 DATA "A","B","INT(AB)","REST","GESAMT","ANZAHL DER "
70 DATA 0,0,0,0,0,0,0,0,0,0,0,0,0,0,0,0,0
80 PRINT TAB(20);"********************************"
90 PRINT TAB(20);"*         KOVARIANZANALYSE       *"
100 PRINT TAB(20);"********************************"
110 PRINT
120 READ N1,N2,N3,A9
130 PRINT A0$;"UNTERTEILUNGEN DER UNABH. VARIABLEN A";
        " (MAX. 7):";N1
140 PRINT A0$;"UNTERTEILUNGEN DER UNABH. VARIABLEN B";
        " (MAX. 7):";N2
150 PRINT A0$;"UNABH. MESSWIEDERHOLUNGEN PRO GRUPPE";
        " (MAX. 14):";N3
160 IF N1=<10 AND N2=<10 AND N3=<20 THEN 190
170 PRINT "   PARAMETER ZU GROSS"
180 GOTO 1890
190 N=N1*N2*N3
200 PRINT "SIGNIFIKANZNIVEAU ALPHA:";A9
210 REM --- LESEN DER DATEN UND FELDER MIT NULL VORBESETZEN
220 PRINT
230 PRINT
240 PRINT "                MESSWERTE"
250 PRINT "                *********"
260 PRINT
270 PRINT TAB(14);" Y                    X"
```

```
280  L$="  --------------------"
290  FOR I=1 TO N1
300     A0(I)=0
310     A1(I)=0
320     FOR J=1 TO N2
330              A5(I,J)=0
340              A6(I,J)=0
350              B0(J)=0
360              B1(J)=0
370              PRINT TAB(14);L$
380              PRINT "   A";I;", B";J;": ";
390              T1=16
400              FOR K=1 TO N3
410                      READ Y(I,J,K),X(I,J,K)
420                      PRINT TAB(T1);USING"####.###     ";
                            Y(I,J,K);X(I,J,K)
430              NEXT K
440     NEXT J
450  NEXT I
460  REM --- SUMMEN
470  FOR I=1 TO N1
480     FOR J=1 TO N2
490              FOR K=1 TO N3
500                      A5(I,J)=A5(I,J)+Y(I,J,K)
510                      A6(I,J)=A6(I,J)+X(I,J,K)
520              NEXT K
530              G0=G0+A5(I,J)
540              G1=G1+A6(I,J)
550              A0(I)=A0(I)+A5(I,J)
560              B0(I)=B0(I)+A6(I,J)
570     NEXT J
580  NEXT I
590  FOR J=1 TO N2
600     FOR I=1 TO N1
610              A1(J)=A1(J)+A5(I,J)
620              B1(J)=B1(J)+A6(I,J)
630     NEXT I
640  NEXT J
650  Y1=G0^2/N
660  X1=G1^2/N
670  Z1=G0*G1/N
680  FOR I=1 TO N1
690     Y3=Y3+A0(I)^2
700     X3=X3+B0(I)^2
710     Z3=Z3+A0(I)*B0(I)
720     FOR J=1 TO N2
730              Y5=Y5+A5(I,J)^2
740              X5=X5+A6(I,J)^2
750              Z5=Z5+A5(I,J)*A6(I,J)
760              FOR K=1 TO N3
770                      Y2=Y2+Y(I,J,K)^2
780                      X2=X2+X(I,J,K)^2
790                      Z2=Z2+Y(I,J,K)*X(I,J,K)
800              NEXT K
810     NEXT J
820  NEXT I
```

```
830  Y3=Y3/(N2*N3)
840  X3=X3/(N2*N3)
850  Z3=Z3/(N2*N3)
860  FOR J=1 TO N2
870    Y4=Y4+A1(J)^2
880    X4=X4+B1(J)^2
890    Z4=Z4+A1(J)*B1(J)
900  NEXT J
910  Y4=Y4/(N1*N3)
920  X4=X4/(N1*N3)
930  Z4=Z4/(N1*N3)
940  Y5=Y5/N3
950  X5=X5/N3
960  Z5=Z5/N3
970  REM --- QUADRATSUMMEN
980  Z(1,1)=Y3-Y1
990  Z(1,2)=Y4-Y1
1000 Z(1,3)=Y5-Y3-Y4+Y1
1010 Z(1,4)=Y2-Y5
1020 Z(2,1)=Z3-Z1
1030 Z(2,2)=Z4-Z1
1040 Z(2,3)=Z5-Z3-Z4+Z1
1050 Z(2,4)=Z2-Z5
1060 Z(3,1)=X3-X1
1070 Z(3,2)=X4-X1
1080 Z(3,3)=X5-X3-X4+X1
1090 Z(3,4)=X2-X5
1100 REM --- KORRIGIERTE QUADRATSUMMEN
1110 Q(4)=Z(3,4)-(Z(2,4)^2/Z(1,4))
1120 FOR I=1 TO 3
1130   Q(I)=Z(3,I)+Z(3,4)-((Z(2,I)+Z(2,4))^2/
          (Z(1,I)+Z(1,4)))-Q(4)
1140 NEXT I
1150 Q(5)=Q(1)+Q(2)+Q(3)+Q(4)
1160 REM --- FREIHEITSGRADE
1170 D(1)=N1-1
1180 D(2)=N2-1
1190 D(3)=D(1)*D(2)
1200 D(4)=N-N1*N2-1
1210 D(5)=N-2
1220 REM --- MITTLERE QUADRATE
1230 FOR I=1 TO 4
1240   S(I)=Q(I)/D(I)
1250 NEXT I
1260 S(5)=S(1)+S(2)+S(3)+S(4)
1270 REM --- F-QUOTIENTEN, SIGNIFIKANZEN UND AUSGABE
1280 PRINT
1290 PRINT
1300 PRINT "VARIANZTAFEL"
1310 PRINT "************"
1320 PRINT
1330 PRINT "QUELLE    QUADRAT-  FREIHEITS-   MITTLERE";
1340 PRINT "  F-QUOTIENT   P-WERT   SIGN."
1350 PRINT TAB(11);"SUMMEN    GRADE        QUADRATE"
1360 L$="--------------------------------"
1370 L$=L$+L$
```

```
1380 PRINT L$
1390 F2=D(4)
1400 FOR I=1 TO 3
1410   F5=S(I)/S(4)
1420   P$="S"
1430   F1=D(I)
1440   GOSUB 1680
1450   IF P>A9 THEN LET P$="N"
1460   PRINT S$(I);TAB(9);USING" #####.### & ####";Q(I);
              "   ";D(I);
1470   PRINT USING" ######.###    ######.### ###.####    &";
              S(I);F5;P;P$
1480 NEXT I
1490 FOR I=4 TO 5
1500   PRINT S$(I);TAB(9);USING" #####.### & ####";Q(I);
              "   ";D(I);
1510    PRINT USING" ######.###   ";S(I)
1520 NEXT I
1530 GOTO 1890
1540 REM --- DATEN
1550 DATA 3,4,8,.05
1560 DATA 55,4,52,7,61,5,46,10,50,6,39,12,58,4,47,8   :'A1,B1
1570 DATA 60,3,52,9,38,10,45,7,37,8,40,5,46,6,49,4    :'A1,B2
1580 DATA 49,3,62,5,53,8,47,11,50,4,59,7,43,9,60,5    :'A1,B3
1590 DATA 55,5,65,4,48,9,54,7,50,10,59,3,48,6,52,5    :'A1,B4
1600 DATA 56,6,50,3,43,9,60,7,54,4,53,8,49,9,51,5     :'A2,B1
1610 DATA 51,7,40,10,43,9,55,4,44,6,39,6,45,5,59,3    :'A2,B2
1620 DATA 47,5,61,3,49,9,58,7,39,12,64,4,65,3,59,4    :'A2,B3
1630 DATA 60,3,45,8,47,8,69,3,38,10,62,5,59,4,63,6    :'A2,B4
1640 DATA 45,9,51,5,49,8,47,7,42,8,53,3,61,4,38,6     :'A3,B1
1650 DATA 50,5,59,4,38,10,47,9,39,7,48,8,51,5,55,4    :'A3,B2
1660 DATA 59,3,59,4,48,12,55,7,51,8,37,10,54,6,60,5   :'A3,B3
1670 DATA 39,8,55,5,61,3,54,5,47,9,62,4,48,6,59,3     :'A3,B4
1680 REM *** SUBPROG SIGNIFIKANZEN
1690 P=1
1700 IF F1<>0 AND F2<>0 AND F5<>0 THEN 1730
1710 PRINT "FEHLER: DIVISION DURCH NULL"
1720 GOTO 1880
1730 IF F5<1 THEN 1780
1740 A=F1
1750 B=F2
1760 F=F5
1770 GOTO 1810
1780 A=F2
1790 B=F1
1800 F=1/F5
1810 A2=2/(9*A)
1820 B2=2/(9*B)
1830 Z=ABS(((1-B2)*F^.333333-1+A2)/SQR(B2*F^.666667+A2))
1840 IF B>=4 THEN 1860
1850 Z=Z*(1+.08*Z^4/B^3)
1860 P=.5/(1+Z*(.196854+Z*(.115194+Z*(.000344+Z*.0195227))))^4
1870 IF F5<1 THEN LET P=1-P
1880 RETURN
1890 END
```

Tafel zur p*q-faktoriellen Kovarianzanalyse

Variations-quelle	Quadratsumme QS	Freiheitsgrad FG	Mittleres Quadrat MQ	F-Werte
Faktor A	QS'_a	$p-1$	$MQ'_a = QS'_a/(p-1)$	MQ'_a/MQ'_f
Faktor B	QS'_b	$q-1$	$MQ'_b = QS'_b/(q-1)$	MQ'_b/MQ'_f
Faktor AB	QS'_{ab}	$(p-1)(q-1)$	$MQ'_{ab} = QS'_{ab}/(p-1)(q-1)$	MQ'_{ab}/MQ'_f
Fehler(Rest)	QS'_f	$pq(n-1)-1$		
Summe	$\Sigma\ QS'_*$	$pqn-2$		

2.3 MEHRDIMENSIONALE VARIANZANALYSE

In diesem Abschnitt wird das Verfahren für multivariate Mittelwertsvergleiche dargestellt, das eine Untersuchung von Gruppenunterschieden bei Berücksichtigung mehrerer untereinander abhängiger Merkmale ermöglicht.

Die vorher beschriebene zweifache bzw. mehrfache Varianzanalyse verarbeitet bei einer abhängigen Variable zwei bzw. mehrere unabhängige Merkmale. Sie ist hinsichtlich der unabhängigen Variablen als multivariates Modell zu verstehen. Mit der mehrdimensionalen Varianzanalyse können nun auch mehrere voneinander abhängige Merkmale gleichzeitig analysiert werden. Die Anwendung einer Vielzahl von t-Tests oder univariater Varianzanalysen bei abhängigen Variablen läßt es nämlich nicht zu, Aussagen über die Fehler erster und zweiter Art zu machen. Darüberhinaus nimmt man sich mit einem solchen "Durchtesten" aller Merkmalspaare hintereinander die Chance, Erkenntnisse über einen ganzen Merkmalskomplex zu gewinnen.

Ausgangspunkt bei der mehrdimensionalen Varianzanalyse sind die abhängigen Variablen als Vektorvariablen. Die abhängige Vektorvariable sei multivariat normalverteilt (Voraussetzung) mit derselben Streuung für jede Stichprobe. Morrison (1976) und Mardia (1979) gehen ausführlich auf diese Voraussetzung ein.

Das lineare Modell der mehrdimensionalen Varianzanalyse:

$$X_{ki} = m + (m^{(k)} - m) + (X_{ki} - m^{(k)})$$

X_{ki} = die abhängige Vektorvariable für den i-ten Fall in der k-ten Gruppe (k=1,2,...,g)

m = Gesamtmittelwertsvektor

$m^{(k)}$ = Mittelwertsvektor der Gruppe k

Subtrahiert man den Gesamtvektor aus der Gleichung, so verbleibt:

$$x_{ki} = X_{ki} - m$$

wir erhalten dann:

$$x_{ki} = (m^{(k)} - m) \quad + \quad (X_{ki} - m^{(k)})$$
$$\qquad\quad \downarrow \qquad\qquad\qquad\quad \downarrow$$
$$\qquad \text{Abweichungs-} \qquad \text{Fehlereffekt}$$
$$\qquad \text{effekt}$$

Summiert man über alle Einheiten der Gesamtstichprobe die Abweichungsquadrate und -produkte (squares und crossproducts), gelangt man zum sogenannten "Fundamental-Theorem" der multivariaten Varianzanalyse:

$$\sum_{k=1}^{g} \sum_{i=1}^{N_k} x_{ki} * x_{ki}' = \sum_{k=1}^{g} \sum_{i=1}^{N_k} (m^{(k)} - m) * (m^{(k)} - m)' \ +$$

$$+ \sum_{k=1}^{g} \sum_{i=1}^{N_k} (X_{ki} - m^{(k)}) * (X_{ki} - m^{(k)})'$$

(' steht für die transponierte Matrix)

Betrachten wir jeden Term einzeln:

$$\sum_{k=1}^{g} \sum_{i=1}^{N_k} x_{ki} * x_{ki}' = \sum_{k=1}^{g} \sum_{i=1}^{N_k} (X_{ki} - m) * (X_{ki} - m)' = T$$

Die Matrix T steht für "total" und beschreibt die Abweichungsquadrate und -produkte aller Einheiten des Gesamtmittelwertsvektors.

$$\sum_{k=1}^{g} \sum_{i=1}^{N_k} (m^{(k)} - m) * (m^{(k)} - m)' = B$$

Matrix B(between) enthält die Abweichunsquadrate und -produkte aller Einheiten der Mittelwertsvektoren zum Gesamtmittelwertsvektor.

$$\sum_{k=1}^{g} \sum_{i=1}^{N_k} (X_{ki} - m^{(k)}) * (X_{ki} - m^{(k)}) = W$$

Matrix **W**(within) enthält alle Abweichungsquadrate und -produkte der Merkmalsausprägung zum Stichprobenmittelwertsvektor.

Damit läßt sich das Fundamentaltheorem der multivariaten Varianzanalyse kürzer schreiben:

$$T = B + W$$

1. Streuungstest:

Eine (wenn auch nicht hinreichende) Voraussetzung für die multivariate Normalverteilung ist die Streuungsgleichheit. Cooley, W. & P. Lohnes schlagen nach Barlett und Box vor, zumindest diese Voraussetzung vor dem eigentlichen Test auf Gleichheit der Mittelwerte abzuprüfen. Stellt man fest, daß sich die untersuchten Streuungen signifikant voneinander unterscheiden, sollte der Mittelwertstest nicht mehr interpretiert werden.

Die Nullhypothese H_{01} prüft $\Delta_k = \Delta$ für $k = 1, 2, \ldots, g$.

Jeder Teil des Fundamentaltheorems ($T = B + W$), gemessen am jeweiligen Freiheitsgrad, kann zur unabhängigen Schätzung der gemeinsamen Stichprobenstreuung Δ herangezogen werden.

Zum Test der Nullhypothese H_{01} definierte G.L.P. Box folgendes Kriterium:

$$M = (N-g)\log_e|D_W| - \Sigma\ (N_k-1)\log_e|D_k|$$

$$D_W = \frac{1}{N-g} * W$$

D_k = Streuungsschätzung der k-ten Stichprobe

Der M-Test prüft die Nullhypothese gleicher Zentraltendenz der Mittelwertsvektoren. Inzwischen gibt es χ^2- und F-Approximationsverfahren zur Prüfgröße M.

2. Mittelwertsvergleich:

Die Nullhypothese H_{02} prüft $\mu_k = \mu$ für $k = 1, 2, \ldots, g$.

Prüfkriterium ist:
$$\Lambda = \frac{|W|}{|T|}$$

Die Testgrö?e Λ wurde von S.S. Wilks vorgeschlagen und ist auf dem Likelihood-Quotienten begründet. Je größer die Gruppenunterschiede, desto kleiner wird Λ. Wenn Λ hinreichend klein ist, kann die Nullhypothese der Gleichheit aller Gruppenmittelwerte zurückgewiesen werden.

Auch zum Test von Λ gibt es χ^2- und F-Approximationsverfahren. Das F-Approximationsverfahren wird meist vorgezogen, weil es noch bei kleinen Freiheitsgraden gute Ergebnisse liefert.

Approximation von Λ durch die F-Verteilung nach Rao:

Prüfgröße:
$$F_{df_1, df_2} = \frac{df_2 * (1 - \Lambda^{1/s})}{df_1 * \Lambda^{1/s}}$$

$$s = \frac{p^2 (g-1)^2 - 4}{p^2 + (g-1)^2 - 5}$$

Freiheitsgrade:
$$df_1 = p(g-1)$$

$$df_2 = s(N-1 - \frac{p + (g-1) + 1}{2}) - \frac{p(g-1) - 2}{2}$$

p = Anzahl der Variablen,

g = Anzahl der Gruppen,

N = Größe der Gesamtstichprobe.

Anwendungsbeispiel

Drei Meteoriten schlagen in relativ kurzen raumzeitlichen Abständen ein. Der Geologe eines Forschungsinstituts soll nun untersuchen, ob die Meteoriten aufgrund ihrer Zusammensetzung eventuell gleichen Ursprung haben. Von jedem der Meteoriten werden mehrere Stichproben entnommen. Im Labor ermittelt man die Zusammensetzung der Proben hinsichtlich ihrer Anteile an Silicium (Si), Aluminium (Al), Eisen (Fe) und Magnesium (Mg), bezogen auf eine bestimmte Menge (in mg).

Datentabelle

Meteorit 1

	x_1	x_2	x_3	x_4
	Si	Al	Fe	Mg
1	19.4	5.9	14.7	5.0
2	21.5	4.0	15.7	3.7
3	19.2	4.3	15.4	4.3
4	18.4	5.4	15.2	3.4
5	20.6	6.2	13.2	5.5
6	19.8	5.7	14.8	3.8
7	18.7	6.0	13.8	4.6

Meteorit 2

x_1	x_2	x_3	x_4
Si	Al	Fe	Mg
22.5	8.6	16.6	3.4
22.1	6.4	17.8	3.6
25.9	7.7	14.8	4.0
23.5	8.1	15.0	5.2
21.7	6.6	18.2	4.9
21.9	6.2	16.3	4.8
23.7	7.3	16.5	3.5

Meteorit 3

x_1	x_2	x_3	x_4
Si	Al	Fe	Mg
20.3	5.5	12.9	4.2
17.1	4.9	13.2	3.9
19.2	6.5	12.7	4.3
21.5	5.0	14.1	5.3
20.9	6.8	13.8	4.7
19.5	5.3	15.3	4.4

Ergebnis

ANALYSE FUER 4 VARIABLEN UND 3 GRUPPEN

GRUPPE 1 MIT 7 MESSWERTEN:
****

```
MITTELWERTE
  11.7571   11.0429   11.2429    9.9857

STANDARDABWEICHUNGEN
   7.3116    7.5438    6.8452    6.0414

STREUUNGSDETERMINANTE = 138910
----------------------------------------------------------------
GRUPPE 2 MIT 7 MESSWERTEN:
**************************

MITTELWERTE
  13.3286   11.7571   14.4143   11.4714

STANDARDABWEICHUNGEN
   7.4310    7.8905    9.0047    7.7394

STREUUNGSDETERMINANTE = 166866
----------------------------------------------------------------
GRUPPE 3 MIT 6 MESSWERTEN:
**************************

MITTELWERTE
  13.0167   12.5667   10.5167    9.0167

STANDARDABWEICHUNGEN
   6.8365    6.1082    6.2056    7.2101

STREUUNGSDETERMINANTE = 10136.5
----------------------------------------------------------------

GESAMTMITTELWERTE
  12.6850   11.7500   12.1350   10.2150

GEWICHTETE STANDARDABWEICHUNGEN
   7.2183    7.2824    7.5155    7.0223

D(GESAMT)-MATRIX
  1:    895.346   769.995   654.610   323.154
  2:    769.995   909.070   787.905   427.025
  3:    654.610   787.905  1017.850   707.639
  4:    323.154   427.025   707.639   858.346

D(DIFF)-MATRIX
  1:      9.586     6.251    12.842     4.765
  2:      6.251     7.503    -3.400    -4.674
  3:     12.842    -3.400    57.652    33.114
  4:      4.765    -4.674    33.114    20.035

D(REST)-MATRIX
  1:    885.760   763.745   641.768   318.389
  2:    763.745   901.568   791.305   431.699
  3:    641.768   791.305   960.194   674.525
  4:    318.389   431.699   674.525   838.311
----------------------------------------------------------------
STREUUNGSDETERMINANTE = 203869
```

```
TEST FUER H01 (STREUUNGSGLEICHHEIT):
**********************************
BOX-KRITERIUM M= 18.5103
F-WERT = .591848
DF1 = 20 ; DF2 = 977
P-WERT = .920422
-----------------------------------------------------------------
TEST FUER H02 (GLEICHER MITTELWERT)
**********************************
WILKS LAMDA = .731756
APPROX. F = 1.03943
DF1 = 4 , DF2 = 5
P-WERT = .470757
```

Die Nullhypothese (H_{01}) zur Streuungsgleichheit kann beibehalten werden, da p>α (Box-Kriterium M=18.51, F-Wert=.59 mit
den Freiheitsgraden df_1=20 und df_2=977). Auch die Nullhypothese H_{02} zum Mittelwertsvergleich zeigt keine signifikante
Abweichung (Wilks Λ=.7318, F=1.039, df_1=4 und df_2=5; p>α).

Die Nullhypothese, daß die Meteoriten gleichen Ursprung haben,
konnte nicht widerlegt werden. sind.

Programm (15979 Bytes)

```
10 REM * MULTIVARIATE VARIANZANLYSE * T. CHEAIB - C.-M. HAF *
20 DIM A(19,19),B(19,19),C(19,19),T(19),U(19),V(19),W(19)
30 DIM D(19,19),X(19,19),I5(19),P5(19),I6(19,2)
40 READ H2,G0,F0,N,S0$
50 DATA 0,0,0,0,"-----------------------------------"
60 S0$=S0$+S0$
70 PRINT "          ****************************************"
80 PRINT "          *    MEHRDIMENSIONALE VARIANZANALYSE    *"
90 PRINT "          ****************************************"
100 PRINT
110 READ M,G
120 IF M<20 THEN 150
130 PRINT " +++ KERNSPEICHER ZU KLEIN (16KB)"
140 GOTO 3170
150 PRINT "ANALYSE FUER";M;" VARIABLEN UND";G;" GRUPPEN"
160 PRINT
170 FOR J=1 TO M
180    T(J)=0
190    FOR K=1 TO M
200            B(J,K)=0
210            C(J,K)=0
220    NEXT K
230 NEXT J
240 FOR L0=1 TO G
```

```
250     IF LO<>1 THEN PRINT SO$
260     READ NO
270     N=N+NO
280     PRINT "GRUPPE";LO;"MIT";NO;"MESSWERTEN:"
290     PRINT "*************************"
300     FOR J=1 TO M
310            U(J)=0
320            FOR K=1 TO M
330                   A(J,K)=0
340            NEXT K
350     NEXT J
360     FOR I=1 TO NO
370            FOR J=1 TO M
380                   READ V(J)
390            NEXT J
400            FOR J=1 TO M
410                   U(J)=U(J)+V(J)
420                   T(J)=T(J)+V(J)
430                   FOR K=1 TO M
440                          A(J,K)=A(J,K)+V(J)*V(K)
450                          C(J,K)=C(J,K)+V(J)*V(K)
460                   NEXT K
470            NEXT J
480     NEXT I
490     FOR J=1 TO M
500            FOR K=1 TO M
510                   A(J,K)=A(J,K)-U(J)*U(K)/NO
520                   B(J,K)=B(J,K)+A(J,K)
530                   A(J,K)=A(J,K)/(NO-1)
540            NEXT K
550     NEXT J
560     FOR J=1 TO M
570            U(J)=U(J)/NO
580            W(J)=SQR(A(J,J))
590     NEXT J
600     PRINT
610     PRINT "MITTELWERTE"
620     FOR J=1 TO M
630            PRINT USING" ###.####";U(J);
640     NEXT J
650     PRINT
660     PRINT
670     PRINT "STANDARDABWEICHUNGEN"
680     FOR J=1 TO M
690            PRINT USING" ###.####";W(J);
700     NEXT J
710     PRINT
720     FOR I=1 TO M
730            FOR J=1 TO M
740                   X(I,J)=A(I,J)
750            NEXT J
760     NEXT I
770     GOSUB 2330
780     FOR I=1 TO M
790            FOR J=1 TO M
800                   A(I,J)=X(I,J)
```

```
810            NEXT J
820    NEXT I
830    PRINT
840    PRINT "STREUUNGSDETERMINANTE =";D0
850    H2=H2+((N0-1)*LOG(D0))
860    F0=F0+(1/(N0-1))
870    G0=G0+(1/((N0-1)^2))
880 NEXT L0
890 PRINT S0$
900 FOR J=1 TO M
910   FOR K=1 TO M
920            A(J,K)=C(J,K)-T(J)*T(K)/N
930            D(J,K)=A(J,K)
940            C(J,K)=B(J,K)/(N-G)
950    NEXT K
960 NEXT J
970 FOR J=1 TO M
980   T(J)=T(J)/N
990   U(J)=SQR(C(J,J))
1000 NEXT J
1010 PRINT
1020 PRINT "GESAMTMITTELWERTE"
1030   FOR J=1 TO M
1040     PRINT USING" ###.####";T(J);
1050 NEXT J
1060 PRINT
1070 PRINT
1080 PRINT "GEWICHTETE STANDARDABWEICHUNGEN"
1090 FOR J=1 TO M
1100     PRINT USING" ###.####";U(J);
1110 NEXT J
1120 PRINT
1130 PRINT
1140 PRINT "D(GESAMT)-MATRIX"
1150 FOR J=1 TO M
1160    PRINT STR$(J)+": ";
1170    FOR K=1 TO M
1180            PRINT USING" ####.###";A(J,K);
1190    NEXT K
1200    PRINT
1210 NEXT J
1220 FOR J=1 TO M
1230    FOR K=1 TO M
1240            A(J,K)=A(J,K)-B(J,K)
1250    NEXT K
1260 NEXT J
1270 PRINT
1280 PRINT "D(DIFF)-MATRIX"
1290 FOR J=1 TO M
1300    PRINT STR$(J)+": ";
1310    FOR K=1 TO M
1320            PRINT USING" ####.###";A(J,K);
1330    NEXT K
1340    PRINT
1350 NEXT J
1360 PRINT
```

```
1370 PRINT "D(REST)-MATRIX"
1380 FOR J=1 TO M
1390    PRINT STR$(J)+": ";
1400    FOR K=1 TO M
1410          PRINT USING" ####.###";B(J,K);
1420    NEXT K
1430    PRINT
1440 NEXT J
1450 PRINT S0$
1460 FOR I=1 TO M
1470    FOR J=1 TO M
1480          X(I,J)=C(I,J)
1490    NEXT J
1500 NEXT I
1510 GOSUB 2330
1520 FOR I=1 TO M
1530    FOR J=1 TO M
1540          C(I,J)=X(I,J)
1550    NEXT J
1560 NEXT I
1570 PRINT "STREUUNGSDETERMINANTE =";D0
1580 PRINT
1590 H1=(N-G)*LOG(D0)
1600 X1=H1-H2
1610 F1=(G-1)*M*(M+1)/2
1620 A0=(F0-(1/(N-G)))*(2*M*M+3*M-1)
1630 A1=A0/(6*(G-1)*(M+1))
1640 A2=(G0-(1/(N-G)^2))*((M-1)*(M+2))/(6*(G-1))
1650 D3=A2-A1^2
1660 IF D3>0 THEN 1710
1670 F2=(F1+2)/(A1^2-A2)
1680 B1=F2/(1-A1+(2/F2))
1690 F5=(F2*X1)/(F1*(B1-X1))
1700 GOTO 1740
1710 F2=(F1+2)/D3
1720 B1=F1/(1-A1-(F1/F2))
1730 F5=X1/B1
1740 PRINT "TEST FUER H01 (STREUUNGSGLEICHHEIT):"
1750 PRINT "*********************************"
1760 PRINT "BOX-KRITERIUM M=";X1
1770 PRINT "F-WERT =";F5
1780 F1=INT(F1)
1790 F2=INT(F2)
1800 PRINT "DF1 =";F1;"; DF2 =";F2
1810 GOSUB 2960
1820 PRINT "P-WERT =";P
1830 PRINT S0$
1840 FOR I=1 TO M
1850    FOR J=1 TO M
1860          X(I,J)=B(I,J)
1870    NEXT J
1880 NEXT I
1890 GOSUB 2330
1900 D2=D0
1910 FOR I=1 TO M
1920    FOR J=1 TO M
```

```
1930            B(I,J)=X(I,J)
1940    NEXT J
1950 NEXT I
1960 FOR I=1 TO M
1970    FOR J=1 TO M
1980            X(I,J)=D(I,J)
1990    NEXT J
2000 NEXT I
2010 GOSUB 2330
2020 FOR I=1 TO M
2030    FOR J=1 TO M
2040            D(I,J)=X(I,J)
2050    NEXT J
2060 NEXT I
2070 X0=D2/D0
2080 Y0=1-X0
2090 PRINT "TEST FUER H02 (GLEICHER MITTELWERT)"
2100 PRINT "*********************************"
2110 PRINT "WILKS LAMDA =";X0
2120 IF M-2>0 GOTO 2180
2130 IF G-3>0 GOTO 2180
2140 Y0=X0
2150 F1=2
2160 F2=N-3
2170 GOTO 2250
2180 S0=SQR((M*M*(G-1)^2)-4)/(M*M+(G-1)^2-5)
2190 Y0=X0^(1/S0)
2200 P0=(N-1)-((M+G)/2)
2210 Q0=-(M*(G-1)-2)/4
2220 R0=(M*(G-1))/4
2230 F1=2*R0
2240 F2=P0*S0+2*Q0
2250 F5=((1-Y0)/Y0)*(F2/F1)
2260 PRINT "APPROX. F =";F5
2270 F1=INT(F1)
2280 F2=INT(F2)
2290 PRINT "DF1 =";F1;", DF2 =";F2
2300 GOSUB 2960
2310 PRINT "P-WERT =";P
2320 GOTO 3170
2330 REM *** UP MATRIX-INVERSE
2340 D0=1
2350 FOR J=1 TO M
2360    I5(J)=0
2370 NEXT J
2380 FOR I=1 TO M
2390    X9=0
2400    FOR J=1 TO M
2410            IF I5(J)-1=0 THEN 2500
2420            FOR K=1 TO M
2430                    IF I5(K)-1>0 THEN 2870
2440                    IF I5(K)-1=0 THEN 2490
2450                    IF ABS(X9)-ABS(X(J,K))=>0 THEN 2490
2460                    I1=J
2470                    I0=K
2480                    X9=X(J,K)
```

```
2490          NEXT K
2500    NEXT J
2510    I5(I0)=I5(I0)+1
2520    IF I1-I0=0 THEN 2590
2530    D0=-D0
2540    FOR L=1 TO M
2550          Z=X(I1,L)
2560          X(I1,L)=X(I0,L)
2570          X(I0,L)=Z
2580    NEXT L
2590    I6(I,1)=I1
2600    I6(I,2)=I0
2610    P5(I)=X(I0,I0)
2620    D0=D0*P5(I)
2630    X(I0,I0)=1
2640    FOR L=1 TO M
2650          X(I0,L)=X(I0,L)/P5(I)
2660    NEXT L
2670    FOR K0=1 TO M
2680          IF K0-I0=0 THEN 2740
2690          Z=X(K0,I0)
2700          X(K0,I0)=0
2710          FOR L=1 TO M
2720                X(K0,L)=X(K0,L)-X(I0,L)*Z
2730          NEXT L
2740    NEXT K0
2750 NEXT I
2760 FOR I=1 TO M
2770    L=M+1-I
2780    IF I6(L,1)-I6(L,2)=0 THEN 2860
2790    I1=I6(L,1)
2800    I0=I6(L,2)
2810    FOR K=1 TO M
2820          Z=X(K,I1)
2830          X(K,I1)=X(K,I0)
2840          X(K,I0)=Z
2850    NEXT K
2860 NEXT I
2870 RETURN
2880 REM *** DATEN
2890 DATA 4,3
2900 DATA 7,19.4,21.5,19.2,18.4,20.6,19.8,18.7,5.9,4,4.3,5.4
2910 DATA    6.2,5.7,6,14.7,15.7,15.4,15.2,13.2,14.8,13.8,5,3.7
2915 DATA    4.3,3.4,5.5,3.8,4.6
2920 DATA 7,22.5,22.1,25.9,23.5,21.7,21.9,23.7,8.6,6.4,7.7,8.1
2930 DATA    6.6,6.2,7.3,16.6,17.8,14.8,15,18.2,16.3,16.5,3.4
2935 DATA    3.6,4,5.2,4.9,4.8,3.5
2940 DATA 6,20.3,17.1,19.2,21.5,20.9,19.5,15.5,4.9,6.5,5,6.8
2950 DATA    5.3,12.9,13.2,12.7,14.1,13.2,15.3,4.2,3.9,4.3,5.3
2955 DATA    4.7,4.4
2960 REM *** SUBPROG SIGNIFIKANZEN
2970 P=1
2980 IF F1<>0 AND F2<>0 AND F5<>0 THEN 3010
2990 PRINT "FEHLER: DIVISION DURCH NULL"
3000 GOTO 3160
3010 IF F5<1 THEN 3060
```

```
3020  A=F1
3030  B=F2
3040  F=F5
3050  GOTO 3090
3060  A=F2
3070  B=F1
3080  F=1/F5
3090  A2=2/(9*A)
3100  B2=2/(9*B)
3110  Z=ABS(((1-B2)*F^.333333-1+A2)/SQR(B2*F^.666667+A2))
3120  IF B>=4 THEN 3140
3130  Z=Z*(1+.08*Z^4/B^3)
3140  P=.5/(1+Z*(.196854+Z*(.115194+Z*(.000344+Z*.0195227))))^4
3150  IF F5<1 THEN LET P=1-P
3160  RETURN
3170  END
```

Literatur

Ackermann, H.: BASIC in der medizinischen Statistik. Braun-
        schweig 1977.

Ahrens, H. & J. Läuter: Mehrdimensionale Varianzanalyse.   Ost-
        Berlin 1974.

Bartlett, M.S.: Multivariate Analysis. Suppl. to the Journal
        of the Royal Statistical Society 9, 1947, S.167-197.

Box, G.E.P.: A General Distribution Theory for a Class of
        Likehood Criterion. Biometrika 36, 1949, S.317-346.

Cooley, W. & P. Lohnes: Multivariate Data Analysis. New York
        1971.

(*) Eimer, E.: Varianzanalyse. Stuttgart 1978.

Fisher, R.A.: The Design of Experiments. 6.Auflage, London,
        Edinburgh 1951

Glaser, W.R.: Varianzanalyse. Stuttgart 1978.

Kirk, R.E.: Experimental Designes. Procedures for the Be-
        havioral Sciences. Belmont 1968.

Linder,A. & W.Berchtold: Statistische Auswertung von Prozent-
        zahlen. Stuttgart 1982.

Mardia, K.V. et al.: Multivariate Anlysis. London 1979.

Marinell, G.: Multivariate Verfahren. Eine Einführung   für
        Studierende und Praktiker. München 1977.

(*) Morrison, D.F.: Multivariate Statistical Methods. New York
        1976.

Rao, C.R.: Advanced Statistical Methods in Biometric Research.
        New York 1952.

Wilks, S.S.: Certain Generalization in the Analysis   of
        Variance. Biometrica 24, 1932, S.471-494.

(*) Winer, B.J.: Statistical Principles in Experimental
        Design. New York 1970.

3 Taxometrische Verfahren

3.1 CLUSTERANALYSE

Sollen Variablen (Merkmale) oder Merkmalsträger (Objekte) über
ihre Ähnlichkeit bzw. ihre Distanzen zueinander gruppiert
werden, verwendet man Verfahren der Clusteranalyse:

Bei diesem Verfahren werden Gruppen von Variablen oder Merkmalsträgern gesucht, ohne wie bei der Faktorenanalyse (siehe
Kap. 4) auf Aussagen über zugrundeliegende Größen abzuzielen.
Probleme der Kommunalitätenschätzung und Rotation tauchen bei
numerischen Klassifikationsverfahren nicht auf. Überla (1968,
S.308) hat die Methoden der Clusteranalyse und der Faktorenanalyse einander graphisch gegenübergestellt.

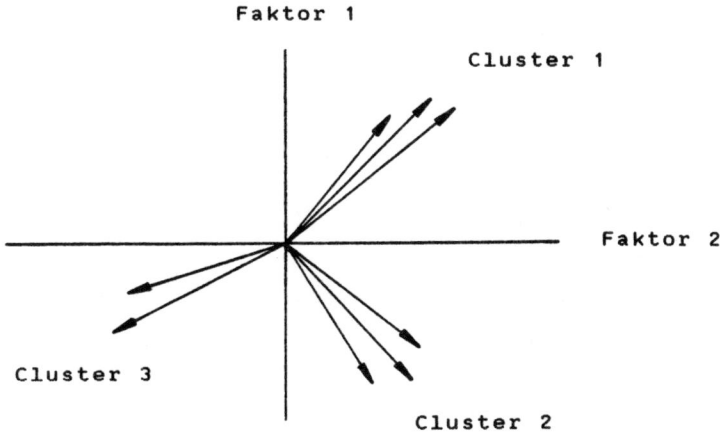

Er bemerkt dazu: "Die Zahl der Cluster und die der Faktoren hängen nur indirekt zusammen. Es können z.B. mehr Cluster als Faktoren vorhanden sein."(S. 308).

Im täglichen Leben erfolgt die Gruppenbildung von Merkmalen oder Merkmalsträgern meist intuitiv aufgrund eines impliziten Ähnlichkeitsverständnisses. Bei komplexeren Datenstrukturen ist die Gruppenbildung nach intuitiver Entscheidung, zumindest für den Wissenschaftler, weder sinnvoll noch möglich. Werden nur 25 Elemente in k Cluster aufgeteilt, sind mehr als $4*10^{18}$ unterschiedliche Gruppeneinteilungen möglich. Auch der Einsatz modernster Rechenanlagen ist, wenn alle theoretisch möglichen Cluster einer noch nicht allzu großen Matrix durchgespielt und verglichen werden sollen, zu aufwendig.

Die gebräuchlichen clusteranalytischen Verfahren bieten deshalb nur annähernd optimale Lösungen zum Problem der Gruppierung von Merkmalen oder Merkmalsträgern. Sie verfolgen das Ziel, Cluster aufzufinden, die in sich möglichst homogen sind und sich untereinander weitestgehend unterscheiden, d. h. heterogen und isoliert sind.

"Im Prinzip handelt es sich dabei um eine Regel oder einen Algorithmus, mit Hilfe dessen man Gruppen von Punkten auffindet." (Überla, 1968, S.307)

Bedauerlich ist die Tatsache, daß für clusteranalytische Methoden keine wirklich brauchbaren Tests zur Prüfung der Anpassungsgüte vorliegen. Deshalb ist die Clusteranalyse zunächst nicht mehr als ein deskriptives Verfahren, jedoch von großem heuristischen Wert.

Everitt (1974) teilt die bisher beschriebenen Clustertechniken in fünf Gruppen ein:

1. Hierarchische Techniken

a) Die Variablen oder Merkmalsträger werden zu immer

weniger Gruppen mit immer mehr Elementen zusammengefaßt, bis alle Elemente auf der letzten Stufe in
einem großen Cluster vereinigt sind (agglomerative
Verfahren).

Das Ergebnis dieses Prozesses läßt sich graphisch in
einem zweidimensionalen Dendogramm darstellen:

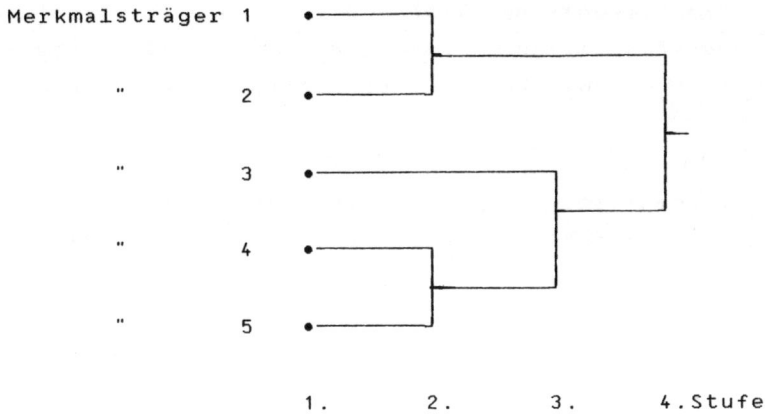

Merkmalsträger 1

" 2

" 3

" 4

" 5

1. 2. 3. 4. Stufe

b) Der Datensatz wird in immer feinere Untergruppen
geteilt (divisive Verfahren).

2. Optimierende Partitionstechniken

Bei festgelegter Anzahl der Cluster k werden aufgrund
vorher definierter Kriterien möglichst optimale Partitionen der Merkmale oder Merkmalsträger gesucht. Meist
werden iterative Verfahren eingesetzt. Der Vorteil
dieses Vorgehens: einmal durchgeführte Partitionen
können wieder revidiert werden. Nachteil: Die Programme
sind sehr zeit- und speicherplatzaufwendig.

3. Dichtevergleichverfahren

Hierbei teilt man den Gesamtraum in Unterräume ein und
sucht diese nach Dichtezentren ab. Die Anzahl der Elemente je Unterraum wird abgezählt und schließlich verglichen. Auch bei diesem Verfahren stößt man selbst bei
großen Rechenanlagen schnell an Grenzen.

4. Klumpentechnik

Gehören Elemente gleichzeitig zwei oder mehreren Gruppen
an, wie z.B. bei empirischen Sprachstudien, wenn ein
Wort verschiedene Bedeutungen haben kann, empfehlen sich
solche Verfahren.

5. Andere Methoden

Gruppierungstechniken, die nicht in einen der vier
Punkte fallen, wie z.B. die Q-Faktorenanalyse (s.
Kap. 4, vgl. Baumann, U. 1971), zählen dazu.

Auf graphentheoretische Entwicklungen geht Everitt in seiner
Einführung nicht ein; wir würden derartige Verfahren Punkt 5
zurechnen. Die Einteilung ist noch recht grob und eher
intuitiv. Die meisten Arten der Clusteranalysen schließen sich
aber nicht gegenseitig aus. Einige Verfahren passen gleichzeitig in verschiedene Kategorien.

Wie eingangs erwähnt, unterschiebt man bei allen üblichen
clusteranalytischen Methoden den Daten aus Gründen der Ökono-
mie ein Modell. Das impliziert, daß die Ergebnisse der Verfahren nur zusammen mit ihren Algorithmen und den dahinter-
stehenden Annahmen interpretiert werden dürfen. Die Anwendung
verschiedener Methoden kann zwar in bestimmten Fällen ident-
ische Ergebnisse erbringen, das muß aber nicht immer so sein.
Auch durch die Auswahl der als relevant betrachteten Merkmale
ist das Ergebnis von vornherein beschränkt.

Der Prozeß der Clusterbildung beginnt in der Regel mit der
Überführung der Datenmatrix X in eine symmetrische Ähnlich-
keits- oder Distanzmatrix O bzw. V.

Datenmatrix:

		Variable				
	Objekte	1	2	$\ldots$ k	$\ldots$ m	
X =	1	x_{11}	x_{12}	$\cdots x_{1k}$	$\cdots x_{1m}$	
	2	x_{21}	$\cdots$			
	.	.	.		.	
	.	.	.		.	
.	i	x_{i1}	$\cdots$			
	.	.	.			
	n	x_{n1}	x_{n2}	$\cdots x_{nk}$	$\cdots x_{nm}$	

Symmetrische Distanz- bzw. Ähnlichkeitsmatrix für Merkmals-
träger(Objekte):

		Objekte				
	Objekte	1	2	$\ldots$ k	$\ldots$ n	
X → O =	1	o_{11}	o_{12}	$\cdots o_{1k}$	$\cdots o_{1n}$	
	2	o_{21}	$\cdots$			
	.	.	.		.	
	.	.	.		.	
	i	o_{i1}	$\cdots$			
	.	.	.			
	n	o_{n1}	o_{n2}	$\cdots o_{nk}$	$\cdots o_{nn}$	

Symmetrische Distanz- bzw. Ähnlichkeitsmatrix für Variablen:

		Variable				
	Variable	1	2	$\ldots$ k	$\ldots$ m	
X → V =	1	v_{11}	v_{12}	$\cdots v_{1k}$	$\cdots v_{1m}$	
	2	v_{21}	$\cdots$			
	.	.	.		.	
	.	.	.		.	
	i	v_{i1}	$\cdots$			
	.	.	.			
	m	v_{m1}	v_{m2}	$\cdots v_{mk}$	$\cdots v_{mm}$	

Um lokale Informationen über die Beziehung zwischen den Merkmalsträgern oder den Variablen zu formulieren, wurde eine
Vielzahl von Ähnlichkeits- und Abstandsmaßen untersucht und
entwickelt.

Von Ähnlichkeitsmaßen a_{ij} werden grundsätzlich zwei Eigen-
schaften verlangt:

    1) Symmetrie $(a_{ij} = a_{ji})$; und

    2) Normierung $(0 \leqslant a_{ij} \leqslant 1)$.

Der Einsatz des absolut gesetzten Produkt-Moment-Korrelations-
Koeffizienten als Ähnlichkeitsmaß $(a_{ij} = |r_{xy}|)$ wurde vielfach
trotz oder wegen seiner häufigen Anwendung kritisiert, weil
Elemente bei völlig gegensätzlichen Bedeutungsrichtungen einander zugeordnet werden (z.B. bei $r_{xy} = 1$ und $r_{xy} = -1$).

Statt eines Ähnlichkeitsmaßes läßt sich auch ein Distanzmaß
d_{ij} anwenden.

Für d_{ij} gelte: $d_{ij} \geqslant 0$

Die Distanzmaße können in Ähnlichkeitsmaße transformiert
werden und umgekehrt. Ein metrisches Distanzmaß läßt sich z.B.
aus der Produkt-Moment-Korrelation errechnen:

$$d_{ij} = \sqrt{1 - r_{ij}}.$$

Distanzmaße gibt es je nach Skalenniveau der Daten eine ganze
Reihe; z.B. das Rangdistanzmaß von Kendall, die Mahalanobis-
Distanz, die Euklidsche Distanz, das City-Block-Distanzmaß
u.a.

Mit der Minkowsky-Distanzformel läßt sich eine ganze Klasse
von Distanzmaßen beschreiben:

$$d(A,B) = \left(\sum_{i=1}^{n} \left| x_{A,i} - x_{B,i} \right|^r \right)^{1/r} \qquad\qquad r \geqslant 1$$

Der Parameter r ist variabel und bestimmt die Art der Metrik bzw. L_r-Norm. Studien mit verschiedenen L_r-Normen ergaben manchmal Rangverschiebungen auf der Distanzmatrix.

Als Spezialfälle dieser Formel lassen sich die L_1- und L_2-Normen wiedererkennen: Die L_1-Norm (r=1) ist als City-Block-Distanzmaß bekannt und definiert den Abstand zweier Punkte A und B durch die Summe der absolut gesetzten Differenzwerte:

$$d(A,B) = \sum_{i=1}^{n} \left| x_{A,i} - x_{B,i} \right|$$

Als L_2-Norm (r=2) wird die euklidsche Distanz bezeichnet. Der Abstand zweier Punkte A und B errechnet sich aus der Summe der quadrierten Differenzwerte und der daraus gezogenen Quadratwurzel:

$$d(A,B) = \sqrt{ \sum_{i=1}^{n} \left(x_{A,i} - x_{B,i} \right)^2 }$$

Die euklidsche Distanz dürfte das bisher am häufigsten verwendete Distanzmaß sein.

Als ein Anwendungsproblem bei der Variablenclusterung muß die Frage der Gewichtung angesehen werden. Korreliert eine Gruppe von Variablen untereinander hoch, so bedeutet das eine Gewichtung zugunsten dieses Merkmalskomplexes. Deshalb empfiehlt sich, sofern man diese Gewichtung kontrollieren oder ausschalten will, der numerischen Klassifikation eine Faktorenanalyse vorzuschalten. Durch die Auswahl voneinander unabhängiger Variablen könnte sichergestellt werden, daß sie mit dem gleichen Gewichtungsfaktor in die Gruppenbildung eingehen.

CLUSTERANALYSE NACH WARD

Aus der Vielzahl möglicher Clusteranalysen, wie sie in der reichhaltigen Literatur (vgl. Eckes & Roßbach; Everitt; Späth; Steinhausen & Langer; Vogel u.a.) beschrieben sind, sei hier die Methode nach Ward (1963) näher dargestellt. Es handelt sich um ein einfaches, recht weit entwickeltes hierarchisches (agglomeratives) Verfahren, bei dem es möglich ist, den Informationsverlust, der sich bei der Zusammenfassung zweier Gruppen ergibt, mit Hilfe der Fehlerquadratsumme E (Error/Sum of Squares) zu messen:

$$E = \sum_{i=1}^{n} x_i^2 - \frac{1}{n} \left(\sum_{i=1}^{n} x_i \right)^2$$

Pro Agglomerationsschritt werden nur die Gruppen zusammengefaßt, bei denen sich die Fehlerquadratsumme E um ein Minimum vergrößert, d.h. bei denen der Zuwachs der Fehlerquadratsumme E minimal ist. Mit der Minimierung des Fehlerquadratzuwachses wird eine Optimierung des Varianzkriteriums erreicht. Die Summe der Fehlerquadratsummen E_{Gesamt} läßt sich in die Fehlerquadratsumme innerhalb der Cluster E_{Inner} und die Fehlerquadratsumme zwischen den Clustern E_{Inter} zerlegen:

$$E_{Gesamt} = E_{Inner} + E_{Inter}$$

Das Verfahren von Ward bildet Cluster, indem E_{Inner} minimiert und E_{Inter} maximiert wird.

Ein weiterer Vorteil der Fehlerquadratsumme ist die Hilfe bei der Entscheidung über die adäquate Anzahl der Cluster. Immer dann, wenn die Fehlerquadratsumme (dargestellt unten im Struktogramm) sprunghaft ansteigt, weist das darauf hin, daß ein eher heterogenes Cluster gebildet wurde, und eine Zusammenfassung dieser Gruppen nicht mehr sinnvoll ist.

Struktogramm (nach Eches/Roßbach 1980)

Ein Nachteil des Ward-Verfahrens liegt darin, daß es eher dazu führt, etwa gleich große Cluster zu bilden. Trotzdem hält Wishart den Ward-Algorithmus für "possibly the best of the hierarchy options..." (1975, Kap.10, Opt.6).

Auf die Anwendung der Wardschen Clusteranalyse bei binären Klassifikationsmerkmalen geht Vogel (1975, S.314 ff) ausführlich ein.

Im Programm wurde die Rekursionsformel, wie sie häufig beschrieben wurde, verwendet (vgl. Everitt, Vogel u.a.)

Anwendungsbeispiel

Im Gebiet zwischen Amazonas und Mato Grosso sei ein Discocactus gefunden worden, bei dem es sich wahrscheinlich um die seltene Untergruppe Discocactus spinosior, D. flavispinus, D. silicicola, D. catingicola oder D. melanochlorus handelt. Eine genaue Bestimmung der wertvollen Pflanze dürfte erst nach längerer Zeit, nämlich während der Blüte möglich sein. Um herauszufinden, mit welcher der Unterarten des Discocactus die vorliegende Pflanze die größte Ähnlichkeit aufweist, vergleicht ein Biologe neun Merkmale mit den Durchschnittswerten, wie sie A.F.H. Buining beschrieb.

51

In die Clusteranalyse bezieht der Biologe folgende Variablen ein:

- Durchmesser der Pflanzen (D) in cm
- Höhe der Pflanze ohne Cephalium (HC) in cm
- Höhe des Cephaliums (C) in cm
- Durchmesser des Cephaliums (DC) in cm
- Anzahl der Rippen (AR)
- Rippenbreite an der Basis (RB) in cm
- Rippenhöhe (RH) in cm
- Anzahl der Randstacheln (ARST)
- Randstachellänge (RSL) in cm

Wertetabelle

Arten	D	HC	C	DC	AR	RB	RH	ARST	RSL
1. D. spinosior	12	4.0	4.5	2.5	11	3.3	1.7	7	3.3
2. D. flavispinus	13	5.0	3.0	4.0	10	3.0	1.5	3	3.5
3. D. silicicola	15	5.0	2.0	2.5	10	3.5	2.5	4	3.0
4. D. catingicola	11	4.0	2.0	3.5	12	2.2	2.0	5	3.0
5. D. melanochlorus	10	3.5	1.5	2.5	10	3.0	2.3	4	3.5
6. D. unbekannt	9.8	4.1	1.7	2.8	11	2.9	1.9	4	3.1

Ergebnis

ANZAHL DER VARIABLEN: 9
ANZAHL DER MERKMALSTRAEGER (OBJEKTE): 6
AUSGABE DER GRUPPIERUNGEN BEI 5 GRUPPEN
STANDARDISIEREN DER SPALTEN (0=JA,1=NEIN) 1
KLASSIFIKATION VON MERKMALSTRAEGERN (0) ODER VARIABLEN (1): 0

 5 GRUPPEN: KOMBINATION G4 (N= 1) UND G6(N= 1). FEHLER= 3.749
G1 (N= 1) 1
G2 (N= 1) 2
G3 (N= 1) 3
G4 (N= 2) 4 6
G5 (N= 1) 5

 4 GRUPPEN: KOMBINATION G4 (N= 2) UND G5(N= 1). FEHLER= 8.950
G1 (N= 1) 1
G2 (N= 1) 2
G3 (N= 1) 3
G4 (N= 3) 4 5 6

```
  3 GRUPPEN: KOMBINATION G1 (N= 1) UND G4(N= 3). FEHLER= 12.494
G1 (N= 4) 1   4   5   6
G2 (N= 1) 2
G3 (N= 1) 3

  2 GRUPPEN: KOMBINATION G2 (N= 1) UND G3(N= 1). FEHLER= 12.585
G1 (N= 4) 1   4   5   6
G2 (N= 2) 2   3
```

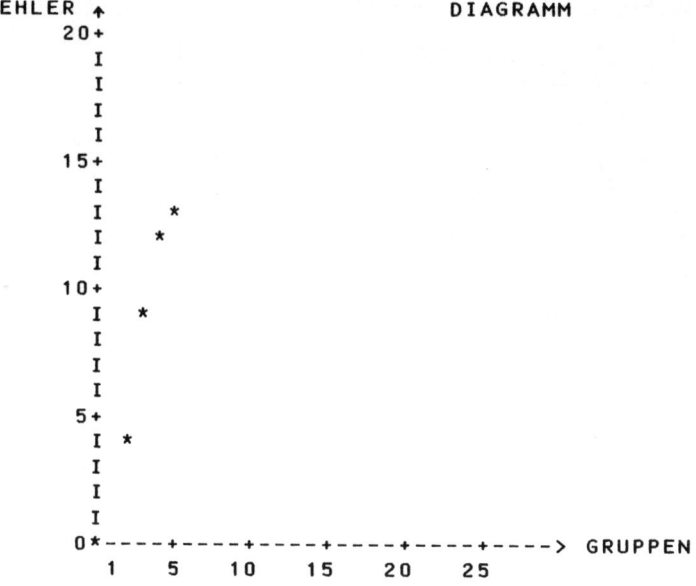

```
FEHLER ↑                          DIAGRAMM
    20+
     I
     I
     I
     I
    15+
     I
     I       *
     I     *
     I
    10+
     I   *
     I
     I
     I
     5+
     I *
     I
     I
     I
     0*----+----+----+----+----+----> GRUPPEN
       1    5   10   15   20   25
```

Der geringste Fehler von 3.75 wird bei der Kombination von
"Cluster" 4 (D. catingicola) mit dem unbekannten Discocactus
("Cluster" 6) in Kauf genommen. Bereits mehr als doppelt so
groß, nämlich 8.95, wird der Fehler bei Zusammenfassung der
"Cluster" 4, 5 und 6. Durch Hinzunahme von D. spinosior zur
Gruppe 4, 5, 6 erhöht sich der Fehler auf 12.49. D. flavis-
pinus und D. silicicola bilden erst mit einem Fehler von 12.59
eine eigene Gruppe.

Dendrogramm

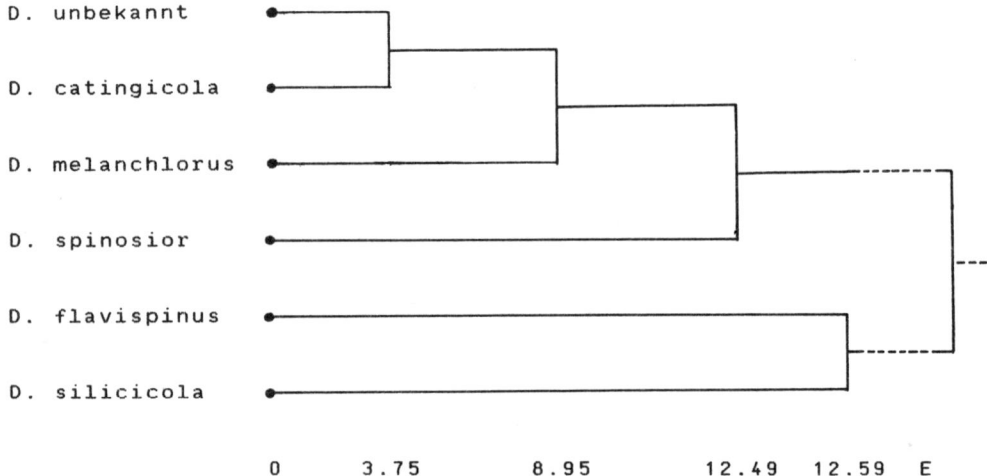

D. unbekannt

D. catingicola

D. melanchlorus

D. spinosior

D. flavispinus

D. silicicola

```
0     3.75      8.95      12.49 12.59  E
```

Im weiteren geht der Biologe davon aus, daß es sich, nach der hierarchischen Clusteranalyse von Ward, bei dem unbekannten Discocactus eher um D. catingicola oder eine neue Untergruppe, eventuell noch um D. melanchlorus handeln dürfte. Am wenigsten ähnlich mit der unbekannten Pflanze sind D. flavispinus, D. silicola und D. spinosior.

Programm (8337 Bytes)

```
10 REM * CLUSTERANALYSE * T. CHEAIB - C.-M. HAF *
20 PRINT TAB(12);"*********************************************"
30 PRINT TAB(12);"*        CLUSTERANALYSE (NACH WARD)       *"
40 PRINT TAB(12);"*********************************************"
50 PRINT
60 READ N1,N3,K1,K2,K3
70 PRINT "ANZAHL DER VARIABLEN:";N1
80 PRINT "ANZAHL DER MERKMALSTRAEGER (OBJEKTE):";N3
90 PRINT "AUSGABE DER GRUPPIERUNGEN BEI";K1;"GRUPPEN"
100 PRINT "STANDARDISIEREN DER SPALTEN (0=JA,1=NEIN)";K2
110 PRINT "KLASSIFIKATION VON MERKMALSTRAEGERN (0) ODER";
         "VARIABLEN (1):";K3
120 IF N1>0 AND N1<26 AND N3<26 THEN 150
130 PRINT " +++ ANZAHL DER SUBJEKTEN BZW. VARIABLEN ZU GROSS"
140 GOTO 1850
150 DIM D(25,25),G(25),W(25),C(25),C0(25),M$(20),M9(20)
160 T=N3
```

```
170 FOR J=1 TO 20
180    M$(J)="I"
190    M9(J)=0
200    IF (J-INT(J/5)*5)<>0 THEN 220
210    M$(J)="+"
220 NEXT J
230 REM --- DATEN EINLESEN
240 FOR I=1 TO N3
250    C(I)=I
260    FOR J=1 TO N1
270             READ D(I,J)
280    NEXT J
290 NEXT I
300 REM --- STANDARDISIEREN
310 IF K2=0 THEN 440
320 FOR J=1 TO N1
330    S1=J
340    S2=N3
350    GOSUB 1630
360    A=S0/T
370    S2=-N3
380    GOSUB 1630
390    S=SQR(S0/T-A*A)
400    FOR I=1 TO N3
410             D(I,J)=(D(I,J)-A)/S
420    NEXT I
430 NEXT J
440 IF K3=0 THEN 590
450 REM --- TRANSPONIEREN DER MATRIX
460 N=N1
470 IF N3>N1 THEN LET N=N3
480 FOR I=1 TO N
490    C(I)=I
500    FOR J=I TO N
510             X=D(I,J)
520             D(I,J)=D(J,I)
530             D(J,I)=X
540    NEXT J
550 NEXT I
560 N3=N1
570 N1=T
580 REM --- DATENMATRIX KONVERTIEREN
590 FOR I=1 TO N3
600    FOR J=1 TO N1
610             W(J)=D(I,J)
620    NEXT J
630    FOR J=I TO N3
640             D(I,J)=0
650             FOR K=1 TO N1
660                     D(I,J)=D(I,J)+(D(J,K)-W(K))^2
670             NEXT K
680             D(I,J)=D(I,J)*.5
690    NEXT J
700 NEXT I
710 FOR I=1 TO N3
720    FOR J=I TO N3
```

```
730            D(J,I)=0
740    NEXT J
750 NEXT I
760 N4=N3
770 REM --- ZUSAMMENFASSEN DER GRUPPEN UND FEHLER BERECHNEN
780 FOR I=1 TO N3
790    G(I)=I
800    W(I)=1
810 NEXT I
820 N4=N4-1
830 IF N4=1 THEN 1490
840 X=10^10
850 FOR I=1 TO N3
860    IF G(I)<>I THEN 950
870    FOR J=I TO N3
880            IF I=J OR G(J)<>J THEN 940
890            DO=D(I,J)-D(I,I)-D(J,J)
900            IF DO>X THEN 940
910            X=DO
920            L=I
930            M=J
940    NEXT J
950 NEXT I
960 WO$="GRUPPEN: KOMBINATION G"+STR$(L)
970 W1$="(N="+STR$(W(L))+") UND G"+STR$(M)
980 W2$="(N="+STR$(W(M))+"). FEHLER="
990 PRINT
1000 PRINT N4;TAB(4);WO$;TAB(29);W1$;TAB(43);W2$;
            USING"####.###";X
1010 MO=INT(X+.5)
1020 IF MO>20 THEN LET MO=20
1030 M1=N3-N4-1
1040 IF M1<=0 THEN LET M$(MO)=M$(MO)+" "
1050 IF M1=<M9(MO) THEN 1090
1060 FOR I=M9(MO) TO M1
1070  M$(MO)=M$(MO)+" "
1080 NEXT I
1090 M$(MO)=M$(MO)+"*"
1100 M9(MO)=M1+1
1110 REM --- NEUE DATENMATRIX BERECHNEN
1120 WO=W(L)+W(M)
1130 X=D(L,M)*WO
1140 Y=D(L,L)*W(L)+D(M,M)*W(M)
1150 D(L,L)=D(L,M)
1160 FOR I=1 TO N3
1170    IF G(I)<>M THEN 1190
1180    G(I)=L
1190 NEXT I
1200 FOR I=1 TO N3
1210    IF I=L OR G(I)<>I THEN 1270
1220    IF I>L THEN 1250
1230    D(I,L)=(D(I,L)*(W(I)+W(L))+D(I,M)*(W(I)+
                W(M))+X-Y-D(I,I)*W(I))/(W(I)+WO)
1240    GOTO 1270
1250    QO=D(L,I)*(W(L)+W(I))
1260    D(L,I)=(QO+(D(M,I)+D(I,M))*(W(M)+W(I))+
```

```
                 X-Y-D(I,I)*W(I))/(W(I)+W0)
1270 NEXT I
1280 W(L)=W0
1290 IF N4>K1 THEN 820
1300 REM --- AUSGABE DER GRUPPEN, WENN ERWUENSCHT
1310 FOR I=1 TO N3
1320    IF G(I)<>I THEN 1460
1330    L=0
1340    FOR J=I TO N3
1350         IF G(J)<>I THEN 1380
1360         L=L+1
1370         C0(L)=C(J)
1380    NEXT J
1390    W0$="G"+STR$(I)
1400    W1$="(N="+STR$(L)+")"
1410    PRINT W0$;TAB(5);W1$;
1420    FOR J=1 TO L
1430         PRINT C0(J);
1440    NEXT J
1450    PRINT
1460 NEXT I
1470 GOTO 820
1480 REM ---- GRAPHISCHE AUSGABE
1490 PRINT
1500 PRINT
1510 PRINT TAB(3);"FEHLER ^";TAB(33);"DIAGRAMM"
1520 FOR I=20 TO 1 STEP -1
1530    T$="         "
1540    T7=7
1550    IF (I-INT(I/5)*5)<>0 THEN 1580
1560    T$=STR$(I)
1570    IF I<10 THEN LET T7=8
1580    PRINT TAB(T7);T$;M$(I)
1590 NEXT I
1600 PRINT TAB(9);"0*----+----+----+----+----+----> GRUPPEN"
1610 PRINT TAB(11);"1    5    10   15   20   25"
1620 GOTO 1850
1630 REM *** UP: SUMME BZW. QUADRATSUMME EINES VECTORS ***
1640 S0=0
1650 N=ABS(S2)
1660 K=S1
1670 IF S2=0 THEN 1760
1680 IF S2>0 THEN 1730
1690 FOR I=1 TO N
1700    S0=S0+D(I,K)^2
1710 NEXT I
1720 GOTO 1760
1730 FOR I=1 TO N
1740    S0=S0+D(I,K)
1750 NEXT I
1760 RETURN
1770 REM *** DATEN
1780 DATA 9,6,5,1,0
1790 DATA 12,4,4.5,2.5,11,3.3,1.7,7,3.3
1800 DATA 13,5,3,4,10,3,1.5,3,3.5
1810 DATA 15,5,2,2.5,10,3.5,2.5,4,3
```

```
1820 DATA 11,4,2,3.5,12,2.2,2,5,3
1830 DATA 10,3.5,1.5,2.5,10,3,2.3,4,3.5
1840 DATA 9.8,4.1,1.7,2.8,11,2.9,1.9,4.2,3.1
1850 END
```

Literatur

Baumann, U.: Psychologische Taxometrie. Bern 1971.

Bock, H.: Automatische Klassifikation. Göttingen 1974.

Buining, A.F.H.: Die Gattung Discocactus Pfeiffer. Eine Revision bekannter und Diagnosen neuer Arten. Buiningfonds, Succulenta 1980.

(*) Eckes, T. & Roßbach, H.: Clusteranalysen. Stuttgart 1980.

(*) Everitt, B.: Cluster Analysis. London 1974.

Gleser, G.: Quantifying Similarity between People. In: Katz, M. et al. (Eds): The Role and Methodology of Classification in Psychiatry and Psychopathology. Rochville 1971, S.201-210.

Sattah, S. & Tversky, A.: Additive Similarity Trees. Psychometrika 42, 1977, S. 319-345.

Späth, H.: Cluster-Analyse-Algorithmen zur Objektklassifizierung und Datenreduktion. München 1977/a.

Späth, H.: Fallstudien Cluster-Analyse. München 1977/b.

Sneath, P. & R. Sokal: Numerical Taxonomy. The Principals and Practice of Numerical Classification. San Francisco 73.

(*) Steinhausen, D. & Langer, K.: Clusteranalyse. Berlin 1977.

Überla, K.: Faktorenanayse. Berlin 1968.

Vogel, F.: Probleme und Verfahren der numerischen Klassifikation. Göttingen 1975.

Ward, J.H.: Hierarchical Grouping to Optimize an Objective Function. Journal of the American Statistical Association 58, 1963, S. 236-244.

Ward, J.H. & Hook, M.E.: Application of an Hierarchical Grouping Procedure to a Problem of Grouping Profiles. Educational and Psychological Measurement 23, 1963, S.69-81.

Wishart, D.: Clustan 1C User Manual. London 1975.

3.2 KONFIGURATIONSFREQUENZANALYSE (KFA)

Typenbegriffe sind seit der Antike bekannt, es sei nur auf die Temperamentstypen des Hippokrates verwiesen. Psychopathologische Typen gibt es heute eine ganze Reihe. Allen diesen Typenbildungen ist gemeinsam, daß sie phänomenologisch intuitiv entwickelt wurden, statistisch abgesichert sind die wenigsten. Außerdem sind die "Antitypen" noch nicht systematisch untersucht worden.

Als zweites taxometrisches Verfahren sei dehalb das Verfahren zur konfiguralen Typendefinition, die Konfigurationsfrequenzanalyse (KFA), vorgestellt. Wachsende Beliebtheit erfuhr die KFA nicht nur bei Psychologen und Psychiatern, sondern auch bei Mikrobiologen, die ja schier unerschöpflich große Stichproben abzählen können.

Bei der von Krauth und Lienert entwickelten KFA handelt es sich um eine multivariate Methode zur Aufdeckung von Typen und Syndromen bei niedrigem Skalenniveau. Im Prinzip werden bei der KFA die beobachteten Konfigurationsfrequenzen (H_*) mit den erwarteten Häufigkeiten (E_*) verglichen. Überfrequente Konfigurationen definiert man als **Typen** (Konfigurationstypen) oder taxometrische Klassen. In diesen Fällen sind die beobachteten Häufigkeiten größer als die Erwartungswertschätzungen ($H_* > E_*$). Unterfrequente Konfigurationen werden als **Antitypen** (Konfigurationsantitypen) bezeichnet, wenn die beobachteten Häufigkeiten kleiner als die Erwartungswertschätzungen sind ($H_* < E_*$). Typen und Antitypen werden schließlich Signifikanztests unterzogen.

Der konfigurale Typenbegriff ist elegant und basiert auf dem stochastischen Modell der mehrdimensionalen Kontingenzanalyse. "Typen sollen nicht dadurch definiert sein, daß bestimmte Merkmalskonfigurationen häufiger als andere auftreten, wie in der intuitiven Typenkonzeption impliziert, sondern dadurch, daß sie häufiger auftreten als aufgrund der Häufigkeit der

Einzelmerkmale unter der Nullhypothese ihrer totalen Unabhängigkeit zu erwarten ist, wie in der konfiguralen Typenkonzeption impliziert." (Krauth & Lienert 1973, S.30f.)

Voraussetzung für die Interpretation der Typen und Antitypen ist die klassifikatorische Wirksamkeit der gesamten KFA, was heißt, die berücksichtigten Variablen dürfen nicht voneinander unabhängig sein. Sind die Variablen untereinander unabhängig, so wäre ein Typ oder Antityp nur zufällig signifikant, die KFA ist in einem solchen Fall nicht weiter interpretierbar.

Da die Zellenbesetzungen für die Erwartungsschätzwerte beim Chiquadrat-Test mindestens 5 sein sollten, ist es häufig notwendig, sofern nicht Daten von sehr großen Stichproben vorliegen, am Mittelwert zu dichotomisieren. Bei relativ gleichverteilten Ausprägungen der Variablen muß die Stichprobengröße $N > 5*2^m$ (m = Anzahl der Variablen) betragen. Für kleinere Stichproben kann der Fisher- bzw. Binominal-Test verwendet werden (vgl. Siegel 1976).

Eine weitere wichtige Voraussetzung beim Einsatz der KFA und bei der Dichotomisierung der Daten an einem Mittelwert ist die hinreichende Reliabilität der Variablen.

Im folgenden wird die KFA in zwei Abschnitten anhand von Beispielen besprochen:

1. Die Einstichproben - KFA und
2. die Zwei- und Mehrstichproben - KFA

3.2.1 Ein-Stichproben KFA

Das Datenmaterial wird zunächst gemäß der Kombinationsstruktur der Merkmale geordnet (In unserem Beispiel verwenden wir drei Variablen.):

Jedes Merkmal (X,Y,Z) liege in zwei Ausprägungen vor:

$$X\ (+,-),\ Y\ (+,-),\ Z\ (+,-)$$

Merkmal X steht für "Wohngegend" mit den Alternativen:
                "Stadt (+) und Land (-)";
Merkmal Y steht für "Geschlecht" mit den Alternativen:
                "männlich (+) und weiblich(-)";
Merkmal Z steht für "Berufstätigkeit" mit den Alternativen:
                "berufstätig (+) und nicht berufstätig (-)".

Es soll geprüft werden, ob Frauen, die in der Stadt wohnen, häufiger berufstätig sind (s. Bortz 1979). Um ein vollständiges Bild zu erhalten wurden die Häufigkeiten für alle Merkmalskombinationen ausgezählt.

Merkmale			beobachtete Häufigkeit
X	Y	Z	H_{xyz}
+	+	+	120
+	+	-	15
+	-	+	70
+	-	-	110
-	+	+	160
-	+	-	10
-	-	+	20
-	-	-	135

Summe = 640

Als Test für die allgemeine klassifikatorische Wirksamkeit der KFA unter der Nullhypothese H_0 (= totale Unabhängigkeit der Merkmale) vergleichen wir:

$$\chi^2_{gesamt} = \sum_{x=1}^{2}\ \sum_{y=1}^{2}\ \sum_{z=1}^{2}\ \frac{(H_{xyz} - E_{xyz})^2}{E_{xyz}}$$

mit der Prüfgröße $\chi^2_{df,\alpha}$ bei df $= 2^3 - 3 - 1 = 4$.

H_0 wird beibehalten, wenn gilt $\chi^2_{gesamt} < \chi^2_{df,\alpha}$.

H_0 wird zurückgewiesen, wenn: $\chi^2_{gesamt} \geqslant \chi^2_{df,\alpha}$.

In unserem Beispiel konnte die Nullhypothese auf dem 5% Signifikanzniveau zurückgewiesen werden; die KFA ist damit wirksam und läßt sich hinsichtlich ihrer Typen und Antitypen interpretieren.

Die Erwartungshäufigkeiten errechnen sich (aus der Randsummenverteilung) bei den drei Merkmalen X, Y, Z, für die z.B. gilt: $(+,+,+)$, aus der Summe aller Häufigkeiten der drei Merkmale m mit den zugehörigen Merkmalsausprägungen, gemessen an der in diesem Fall (m = 3) quadrierten Stichprobengröße ($N^{m-1} = N^2$):

$$E_{+++} = \frac{\Sigma \ X(+) \ * \ \Sigma \ Y(+) \ * \ \Sigma \ Z(+)}{N^2}$$

$$= (120+15+70+110)*(120+15+160+10)*(120+70+160+20)/642^2$$

$$= 315*305*370/642^2 = 86.79 \ .$$

Der zugehörige Chiquadratwert ist dann:

$$\chi^2 = (F_{+++} - E_{+++})^2/E_{+++}$$

$$= (120-86.79)^2/86.79 = 12.71 \ .$$

Die Nullhypothese H0: $F_{+++} = E_{+++}$ prüfen wir an der Chiquadratverteilung.

Bei $F_{+++} > E_{+++}$ ist der Konfigurationstyp überfrequent
               (= Typ);
Bei $F_{+++} < E_{+++}$ ist der Konfigurationstyp unterfrequent
               (= Antityp).

Da mehr als ein Test durchgeführt wird - bei 3 Merkmalsaus-

prägungen sind das 2^3 = 8 Einzeltests - empfehlen Krauth und
Lienert eine Anpassung des Signifikanzniveaus α (z.B. 0.05)
nach Bonferroni vorzunehmen. Die neue Signifikanzgrenze wäre
danach:

$$\alpha^* = \alpha / t \; ;$$

t sei die Anzahl der Konfigurationen bzw Tests. In unserem
Fall ist:

$$t = 2^3 = 8 \; .$$

Neues Signifikanzniveau für den einzelnen Test wäre in unserem
Beispiel α^* = 0.05/8 = 0.00625.

Zur Beschreibung der praktischen Bedeutsamkeit (Prägnanz)
eines signifikanten Untersuchungsergebnisses wurde der Prägnanzkoeffizient Q in den Wertegrenzen zwischen Ø (= keine
Prägnanz) und 1 (maximale Prägnanz) definiert:

$$Q = \frac{F-E}{Max(E,N-E)} = \frac{2|F-E|}{N+|2E-N|} \; ;$$

▸ Q = 1 falls: 1) E ≤ N/2 und F = N,

2) E ≥ N/2 und F = Ø;

▸ Q = 0 falls F = Ø .

Ein Prägnanzkoeffizient nahe Null spricht für schwache Typenausprägung; ein Wert nahe Eins ist gleichbedeutend mit einer
starken Typenausprägung. Meist liegen die Werte nicht allzu
hoch, so daß man sich mit einem bloßen Vergleich der Koeffizienten zufrieden gibt.

Ablehnungsbereich eines asymptotischen Tests für Q^2 (vgl. Krauth & Lienert, S.34):

$$Q^2 > \frac{4E}{(N+|2E-N|)^2} * \chi^2_{\alpha,df=1} \cdot$$

Ergebnis

ANZAHL DER MERKMALE (MAX. 7): 3
SIGNIFIKANZNIVEAU: .05

KONFIGURATION 1 2 3	H	E	CHI^2	P	Q	
+ + +	120.00	86.79	12.71	0.000686	0.060	S/T
+ + -	15.00	63.33	36.88	0.000002	0.084	S/A
+ - +	70.00	95.32	6.73	0.009439	0.046	
+ - -	110.00	69.56	23.51	0.000029	0.071	S/T
- + +	160.00	89.54	55.44	0.000000	0.128	S/T
- + -	10.00	65.34	46.87	0.000001	0.096	S/A
- - +	20.00	98.35	62.42	0.000000	0.145	S/A
- - -	135.00	71.77	55.71	0.000000	0.111	S/T
GESAMT	640.00	640.00	300.27	0.000000	FG = 4	S

Die KFA liefert vier signifikante Typen sowie drei signifikante und einen nicht signifikanten Antitypen.

    I. Typen im Sinne der KFA sind:
        1) Wohngegend-Stadt/Land, Geschlecht-männlich, berufs-
           tätig und
        2) Wohngegend-Stadt/Land, Geschlecht-weiblich, nicht
           berufstätig.
   II. Antitypen bilden die Konfigurationen:
        1) Wohngegend-Stadt/Land, Geschlecht-männlich, nicht
           berufstätig und
        2) Wohngegend-Land, Geschlecht-weiblich, berufstätig.
  III. Einen nicht signifikanten Antityp bildet die Merkmals-
        kombination: Wohngegend-Stadt, Geschlecht-weiblich,
        berufstätig

Mit diesen Ergebnissen kann die oben gestellte Frage vollständig beantwortet werden: Frauen sind eher nicht berufstätig, egal ob sie auf dem Land wohnen oder in der Stadt leben. Männer sind eher berufstätig unabhängig davon wo sie wohnen. Für berufstätige Frauen in der Stadt konnte kein signifikanter Typ gefunden werden.

Es sei davor gewarnt, die KFA nur an einer Stichprobe durchzuführen und die vorgefundenen Typen bzw. Antitypen als gesichert anzunehmen, ohne eine Kreuzvalidierung vorgenommen zu haben (siehe: Zwei-Stichproben KFA).

Programm (7367 Bytes)

```
10 REM * KONFIGURATIONSFREQUENZANALYSE (KFA) * CHEAIB/HAF *
20 DIM E(128),F(128),S(3),Z$(128,7),Z1$(128)
30 READ S(1),S(2),S(3),F1,F2,L$
40 DATA 0,0,0,1,1000,"              "
50 S$="----------------------------------"
60 PRINT L$;"*********************************"
70 PRINT L$;"*       EINSTICHPROBEN-KFA      *"
80 PRINT L$;"*********************************"
90 PRINT
100 READ M,A1
110 PRINT L$;"ANZAHL DER MERKMALE (MAX. 7):";M
120 PRINT L$;"SIGNIFIKANZNIVEAU:";A1
130 IF M>1 AND M<8 THEN 170
140 PRINT L$;"ANZAHL DER MERKMALE ZU KLEIN ODER ZU GROSS"
150 GOTO 1130
160 REM --- MERKMALSMUSTER BESTIMMEN
170 N1=2^M
180 A1=A1/N1
190 FOR I=1 TO N1
200   FOR J=1 TO M
210         Z$(I,J)="+ "
220   NEXT J
230 NEXT I
240 N2=N1
250 FOR I=1 TO M
260   N2=N2/2
270   N3=-1
280   N3=N3+2
290   N4=1+N2*N3
300   IF N4>N1 THEN 360
310   N5=N2+N4-1
320   FOR J=N4 TO N5
```

```
330          Z$(J,I)="- "
340    NEXT J
350     GOTO 280
360 NEXT I
370 REM --- EINLESEN DER HAEUFIGKEITEN
380 FOR I=1 TO N1
390    Z1$(I)=Z$(I,1)
400     FOR J=2 TO M
410          Z1$(I)=Z1$(I)+Z$(I,J)
420    NEXT J
430    READ F(I)
440    S(1)=S(1)+F(I)
450 NEXT I
460 PRINT
470 PRINT
480 REM --- SCHAETZWERTE 'E', SOWIE CHI-QUADRAT-WERTE
490 PRINT "KONFIGURATION        H         E      CHI^2";
    "              P         Q"
500 A$=STR$(1)
510 FOR I=2 TO M
520    A$=A$+STR$(I)
530 NEXT I
540 PRINT A$
550 PRINT S$+S$
560 FOR I=1 TO N1
570    E(I)=1
580     FOR J=1 TO M
590          S1=0
600           FOR K=1 TO N1
610             IF Z$(K,J)=Z$(I,J) THEN LET S1=S1+F(K)
620           NEXT K
630           E(I)=E(I)*S1
640     NEXT J
650    E(I)=E(I)/S(1)^(M-1)
660    S(2)=S(2)+E(I)
670    C=(F(I)-E(I))^2/E(I)
680    S(3)=S(3)+C
690    F5=C
700    GOSUB 920
710    Q=2*ABS(F(I)-E(I))/(S(1)+ABS(2*E(I)-S(1)))
720    A$=" "
730    IF P>A1 THEN 760
740    A$="S/A"
750    IF F(I)>E(I) THEN LET A$="S/T"
760    PRINT " ";Z1$(I);TAB(13);
770    PRINT USING" ####.##";F(I);E(I);C;
780    PRINT USING" ##.######  ##.###";P;Q;
790    PRINT "   ";A$
800 NEXT I
810 PRINT S$+S$
820 F1=2^M-M-1
830 F5=S(3)
840 GOSUB 920
850 PRINT "GESAMT";TAB(13);USING"  ####.##";S(1);S(2);S(3);
860 PRINT USING" ##.######   &";P;" FG =";
870 IF P>A1*N1 THEN PRINT F1;"  N"
```

```
880 IF P<=A1*N1 THEN PRINT F1;"   S"
890 DATA 3,.05
900 DATA 120,15,70,110,160,10,20,135
910 GOTO 1130
920 REM *** SUBPROG SIGNIFIKANZEN
930 P=1
940 IF F1<>0 AND F2<>0 AND F5<>0 THEN 970
950 PRINT "FEHLER: DIVISION DURCH NULL"
960 GOTO 1120
970 IF F5<1 THEN 1020
980 A=F1
990 B=F2
1000 F=F5
1010 GOTO 1050
1020 A=F2
1030 B=F1
1040 F=1/F5
1050 A2=2/(9*A)
1060 B2=2/(9*B)
1070 Z=ABS(((1-B2)*F^.333333-1+A2)/SQR(B2*F^.666667+A2))
1080 IF B>=4 THEN 1100
1090 Z=Z*(1+.08*Z^4/B^3)
1100 P=.5/(1+Z*(.196854+Z*(.115194+Z*(.000344+Z*.0195227))))^4
1110 IF F5<1 THEN LET P=1-P
1120 RETURN
1130 END
```

3.2.2 Zwei- und Mehrstichproben-KFA

Liegen Untersuchungsergebnisse zweier oder mehrerer unabhängiger Stichproben vor, so können Fragestellungen zur Konfigurationsgleichheit bzw. Kreuzvalidierung untersucht werden.

Die Nullhypothese wäre dann:

H_0: Die Häufigkeitsverteilungen in den Stichproben sind gleich (die Typen und Antitypen weisen in den Stichproben die gleiche Konfiguration auf; die Stichproben entstammen aus ein und derselben Population).

Im Fall der Nullhypothese erwartet man in allen untersuchten Stichproben gleiche Frequenzverteilungen d.h. die gleiche Verteilung der Typen und Antitypen bei den einzelnen Merkmalskombinationen.

Anwendungsbeispiel

Eine angehende Soziologin möchte in ihrer Diplomarbeit die damals gefundenen Konfigurationen (vgl. Bortz 79) zu den drei Variablen "Geschlecht" (X), "Wohngegend" (Y), und "Berufstätigkeit" (Z) einer Kreuzvalidierung unterziehen.

Die Variablen seien wie damals definiert:

Merkmal X steht für "Wohngegend" mit den Alternativen:
                "Stadt (+) und Land (-)";
Merkmal Y steht für "Geschlecht" mit den Alternativen:
                "männlich (+) und weiblich (-)";
Merkmal Z für "Berufstätigkeit" mit den Alternativen:
        "berufstätig (+) und nicht berufstätig (-)".

Das vorher festgelegte Signifikanzniveau sei ebenfalls $\alpha=0.05$. Zu den acht möglichen Merkmalskombinationen erhob die Studentin folgende Daten:

Merkmale			H'_{xyz}
X	Y	Z	
+	+	+	80
+	+	−	12
+	−	+	52
+	−	−	85
−	+	+	120
−	+	−	7
−	−	+	26
−	−	−	99

Summe = 481

Mit der Zweistichproben-KFA werden die Daten von Bortz nun einer Überprüfung unterzogen (Nullhypothese wie oben).

Ergebnis

ANZAHL DER MERKMALE (MAX. 7): 3
ANZAHL DER STICHPROBEN (MAX. 5): 2
SIGNIFIKANZNIVEAU: .05

EINGABEDATEN KONFIGURATION	HAEUFIGKEITEN F 1	F 2	SUMME
+ + +	120.00	80.00	200.00
+ + −	15.00	12.00	27.00
+ − +	70.00	52.00	122.00
+ − −	110.00	85.00	195.00
− + +	160.00	120.00	280.00
− + −	10.00	7.00	17.00
− − +	20.00	26.00	46.00
− − −	135.00	99.00	234.00
SUMME	640.00	481.00	1121.00

```
KONFIGURATION        ERWARTUNGSWERTE
  1 2 3                E 1        E 2
-------------------------------------------------------------------------
  + + +              114.18      85.82
  + + -               15.41      11.59
  + - +               69.65      52.35
  + - -              111.33      83.67
  - + +              159.86     120.14
  - + -                9.71       7.29
  - - +               26.26      19.74
  - - -              133.60     100.41
-------------------------------------------------------------------------
SUMME                640.00     481.00


KONFIGURATION        CHI-QUADRAT-WERTE
  1 2 3                C 1        C 2      SUMME
-------------------------------------------------------------------------
  + + +              0.29626    0.39420   0.69046
  + + -              0.01116    0.01485   0.02601
  + - +              0.00174    0.00231   0.00405
  + - -              0.01587    0.02111   0.03698
  - + +              0.00013    0.00017   0.00030
  - + -              0.00893    0.01188   0.02081
  - - +              1.49324    1.98685   3.48010
  - - -              0.01478    0.01966   0.03444
-------------------------------------------------------------------------
SUMME                1.84211    2.45104   4.29315

FG = 14 ,   P-WERT =   0.0000059  SIGNIF.
```

Die Nullhypothese kann zurückgewiesen werden ($p < \alpha$), die
Häufigkeitsverteilungen der beiden Stichproben unterscheiden
sich signifikant voneinander. Genauere Analysen zur Frage der
Repräsentativität der Stichproben müßten nun folgen. Eventuell
gibt eine Einstichproben-KFA Aufschluß über die Unterschiede
in den acht Zeilen. Abgesehen davon ist die Prägnanz der
Typen/Antitypen schon bei Bortz nicht sehr ausgeprägt, was zu
berücksichtigen wäre.

Programm (10584 Bytes)

```
10 REM * KONFIGURATIONSFREQUENZANALYSE (KFA) * CHEAIB/HAF *
20 DIM E(5,128),F(5,128),Z1$(128),S1(5),Z1(128),E1(5)
30 READ F2,F5,L$,K$,N
40 DATA 1000,0,"                   ","KONFIGURATION   ",0
50 S$="-----------------------------------"
60 PRINT L$;"***********************************"
```

```
70 PRINT L$;"*          ZWEI- UND MEHRFACHE KFA          *"
80 PRINT L$;"*****************************************"
90 PRINT
100 READ M,M1,A1
110 PRINT "ANZAHL DER MERKMALE (MAX. 7):";M
120 PRINT "ANZAHL DER STICHPROBEN (MAX. 5):";M1
130 PRINT "SIGNIFIKANZNIVEAU:";A1
140 IF M>1 AND M<8 THEN 180
150 PRINT L$;"ANZAHL DER MERKMALE UND/ODER DER STICHPROBEN";
              "UNZULAESSIG "
160 GOTO 1550
170 REM --- MERKMALSMUSTER BESTIMMEN
180 N1=2^M
190 A1=A1/N1
200 N2=N1/2
210 FOR I=1 TO N2
220 Z1$(I)="+ "
230 Z1$(N2+I)="- "
240 NEXT I
250 FOR I=2 TO M
260 N3=0
270 N2=N2/2
280 N3=N2/2
290 N4=+1
300 N5=N4+N3
310 FOR J=N4 TO N5
320 Z1$(J)=Z1$(J)+"+ "
330 Z1$(J+N2)=Z1$(J+N2)+"- "
340 NEXT J
350 N4=N4+2*N2
360 IF N4<N1 GOTO 300
370 NEXT I
380 FOR J=1 TO M1
390 S1(J)=0
400 E1(J)=0
410 NEXT J
420 REM --- EINLESEN DER HAEUFIGKEITEN
430 PRINT
440 PRINT "EINGABEDATEN     HAEUFIGKEITEN"
450 PRINT K$;TAB(17);
460 FOR J=1 TO M1
470 PRINT "    F";J;"   ";
480 NEXT J
490 PRINT " SUMME"
500 PRINT S$+S$
510 FOR I=1 TO N1
520 PRINT " "+Z1$(I);TAB(14);
530 FOR J=1 TO M1
540 READ F(J,I)
550 Z1(I)=Z1(I)+F(J,I)
560 S1(J)=S1(J)+F(J,I)
570 PRINT USING" #####.##";F(J,I);
580 NEXT J
590 PRINT USING" #####.##";Z1(I)
600 NEXT I
610 PRINT S$+S$
```

```
620 PRINT " SUMME";TAB(14);
630 FOR J=1 TO M1
640 PRINT USING" #####.##";S1(J);
650 N=N+S1(J)
660 NEXT J
670 PRINT USING" #####.##";N
680 PRINT
690 REM ---- SCHAETZWERTE 'E'
700 PRINT K$;"    ERWARTUNGSWERTE"
710 A$=STR$(1)
720 FOR I=2 TO M
730 A$=A$+STR$(I)
740 NEXT I
750 PRINT A$;TAB(17);
760 FOR I=1 TO M1
770 PRINT "    E";I;"   ";
780 NEXT I
790 PRINT
800 PRINT S$+S$
810 FOR I=1 TO N1
820 PRINT " "+Z1$(I);TAB(14);
830 FOR J=1 TO M1
840 E(J,I)=Z1(I)*S1(J)/N
850 E1(J)=E1(J)+E(J,I)
860 PRINT USING" #####.##";E(J,I);
870 NEXT J
880 PRINT
890 NEXT I
900 PRINT S$+S$
910 PRINT " SUMME";TAB(14);
920 FOR J=1 TO M1
930 PRINT USING" #####.##";E1(J);
940 S1(J)=0
950 NEXT J
960 PRINT
970 PRINT
980 REM ---- CHI-QUADRAT
990 PRINT K$;"    CHI-QUADRAT-WERTE"
1000 PRINT A$;TAB(17)
1010 FOR I=1 TO M1
1020 PRINT "    C";I;"   ";
1030 NEXT I
1040 PRINT " SUMME"
1050 PRINT S$+S$
1060 FOR I=1 TO N1
1070 Z1(I)=0
1080 PRINT " "+Z1$(I);TAB(14);
1090 FOR J=1 TO M1
1100 F(J,I)=(F(J,I)-E(J,I))^2/E(J,I)
1110 Z1(I)=Z1(I)+F(J,I)
1120 S1(J)=S1(J)+F(J,I)
1130 PRINT USING" ##.#####";F(J,I);
1140 NEXT J
1150 PRINT USING" ##.#####";Z1(I)
1160 NEXT I
1170 PRINT S$+S$
```

```
1180 PRINT " SUMME";TAB(14)
1190 F5=0
1200 FOR J=1 TO M1
1210 PRINT USING" ##.#####";S1(J);
1220 F5=F5+S1(J)
1230 NEXT J
1240 PRINT USING" ##.#####";F5
1250 PRINT   -
1260 F1=(M-1)*(N1-1)
1270 GOSUB 1340
1280 C$="NICHT SIGNIF."
1290 IF P<A1 THEN LET C$="SIGNIF."
1300 PRINT "FG =";F1;",    P-WERT =";USING" ##.#######   &";P;C$
1310 DATA 3,2,.05
1320 DATA 120,80,15,12,70,52,110,85,160,120,10,7,20,26,135,99
1330 GOTO 1550
1340 REM *** SUBPROG SIGNIFIKANZEN
1350 P=1
1360 IF F1<>0 AND F2<>0 AND F5<>0 THEN 1390
1370 PRINT "FEHLER: DIVISION DURCH NULL"
1380 GOTO 1540
1390 IF F5<1 THEN 1440
1400 A=F1
1410 B=F2
1420 F=F5
1430 GOTO 1470
1440 A=F2
1450 B=F1
1460 F=1/F5
1470 A2=2/(9*A)
1480 B2=2/(9*B)
1490 Z=ABS(((1-B2)*F^.333333-1+A2)/SQR(B2*F^.666667+A2))
1500 IF B>=4 THEN 1520
1510 Z=Z*(1+.08*Z^4/B^3)
1520 P=.5/(1+Z*(.196854+Z*(.115194+Z*(.000344+Z*.0195227))))^4
1530 IF F5<1 THEN LET P=1-P
1540 RETURN
1550 END
```

Literatur

(*) Bortz, J.: Lehrbuch der Statistik. Berlin, Heidelberg, New York 1979.

(*) Krauth, J. & Lienert A.: Die Konfigurationsfrequenzanalyse (KFA). Freiburg, München 1973.

Overall, J. & Klett J.: Applied multivariate Analysis. McGraw-Hill 1972 (v.a. S.329ff).

Siegel, S.: Nichtparametrische statistische Methoden. Frankfurt 1976.

4 Faktorenanalytische Methoden

Ursprünglich wurde die Faktoranalyse in enger Verbindung mit der psychologischen Intelligenz- und Persönlichkeitsforschung konzipiert und weiterentwickelt. Erst später setzte man sie auch bei anderen Fragestellungen ein. Inzwischen findet die Faktoranalyse in den verschiedensten Natur- und Verhaltenswissenschaften Verwendung, soweit es um die Frage geht, eine Menge von Phänomenbereichen mit wenigen, voneinander unabhängigen Faktoren zu beschreiben.

Dabei geht man davon aus, "daß das Meßbare nur eine Erscheinungsform von Größen ist, die im Hintergrund stehen und die man nicht direkt messen kann" (Überla, K., 1968, S.2).

Das allgemeine Modell ist:

$$X_{ij} = f (F_{1j}, F_{2j}, \ldots, F_{rj}) + E_{ij}$$

Die beobachtbare Reaktion oder Meßgröße X_{ij} setzt sich demnach aus der Wirkung der einzelnen Faktoren und dem Fehler E_{ij} zusammen. Die Faktoren sind als unabhängig voneinander zu verstehen, wobei ihre Anzahl die Dimensionalität der Gesamtstruktur festlegt. Deshalb hat sich auch der Begriff der "Dimensionsanalyse" durchgesetzt, weil jeder extrahierte Faktor als räumliche Dimension aufgefaßt werden kann:

Der Begriff "Faktor" wird nicht wie in der Umgangssprache gebraucht, sondern man meint eine mathematische Struktur, die sich aus beobachtbaren Größen und deren Interkorrelationen extrahieren läßt. Gefragt wird nach der optimalen Zusammenhangshypothese, die hinter den mehr oder weniger korrelierenden Merkmalen steht.

Wie bei allen anderen statistisch-empirischen Methoden kann auch hier das Ergebnis nur so gut sein wie der Untersuchungsplan und die Instrumente zur Datenerhebung. Selbstverständlich hängen die mit Hilfe der Faktorenanalyse gefundenen Lösungen von der zugrundeliegenden Erhebungsstichprobe ab. Erst bei gleichen Ergebnissen über verschiedene Stichproben hinweg kann von "faktorieller Validität" gesprochen werden.

Ausgangspunkt zur Ermittlung der Faktoren bilden die Korrelationen zwischen je zwei Variablen, dargestellt in einer Korrelationsmatrix z.B.:

	V1	V2	V3	V4
V1	(1.00)	.31	.79	.04
V2		(1.00)	.81	.60
V3			(1.00)	.55
V4				(1.00)

Bereits bei m=10 Variablen liegen m(m-1)/2 = 45 Interkorrelationen vor. Die mit steigender Variablenzahl rasch anwachsende Menge von Korrelationskoeffizienten kann in ihrer Struktur nicht mehr ohne weiteres verstanden und interpretiert werden.

Die wichtigste Funktion der Faktoranalyse ist deshalb, eine übersichtliche Charakteristik des Beobachtungsmaterials und damit die Reduktion von Information zu ermöglichen.

Der Zusammenhang zweier Variablen läßt sich bei metrisch skalierten Daten durch die Summe aller Produkte der Abweichungen zweier Meßwerte (X_i; Y_i $i=1,...n$) von ihren Mittelwerten ($\overline{X} = \sum_{i=1}^{n} X_i / n$; $\overline{Y} = \sum_{i=1}^{n} Y_i / n$), gemessen an der Anzahl der Wertpaare und der Streuungen beider Meßreihen:

$$s_x = \sqrt{(\sum_{i=1}^{n} (X_i - \overline{X})/n)} \quad,$$

$$s_y = \sqrt{(\sum_{i=1}^{n} (Y_i - \overline{Y})/n)}$$

beschreiben.

Dieser standardisierte Koeffizient r_{xy} heißt Produkt-Moment-Korrelationskoeffizient (auch Bravais-Pearson-Korrelationskoeffizient).

$$r_{xy} = \frac{(X_i - \overline{X}) * (Y_i - \overline{Y})}{n * s_x * s_y} \quad.$$

Durch einfache Umformung dieser Formel erhalten wir den im Programm verwendeten Ausdruck:

$$r_{xy} = \frac{n \sum_{i=1}^{n} X_i * Y_i - \sum_{i=1}^{n} X_i * \sum_{i=1}^{n} Y_i}{\sqrt{(n \sum_{i=1}^{n} X_i^2 - (\sum_{i=1}^{n} X_i)^2) * (n \sum_{i=1}^{n} Y_i^2 - (\sum_{i=1}^{n} Y_i)^2)}} \quad;$$

r_{xy} kann Werte zwischen -1 und +1 annehmen:

$$-1 \leqslant r_{xy} \leqslant +1 \quad;$$

$r_{xy} = -1$, bei maximalem negativen Zusammenhang:

$r_{xy} = 0$, wenn kein statistischer Zusammenhang vorliegt:

$r_{xy} = +1$, bei maximalem positiven Zusammenhang:

Je größer der Absolutbetrag von r_{xy} ist, desto stärker ist der Zusammenhang; das Vorzeichen ist der Zeiger für die Richtung des Zusammenhangs.

Mit dem Produkt-Moment-Korrelationskoeffizienten lassen sich aber nur lineare Beziehungen zwischen den Variablen korrekt beschreiben. Bei kurvilinearen Zusammenhängen entspricht die Aussage von r_{xy} nicht den tatsächlichen Verhältnissen, d.h.: $|r_{xy}|$ wird dann unterschätzt.

Beispiele für nicht-lineare Zusammenhänge:

Die Übernahme der oben beschriebenen Formel bei ordinalska-
lierten Meßdaten führt häufig zu irreführenden Ergebnisse und
sollte daher vermieden werden.

Auch muß das Ergebnis einer Faktoranalyse bei Korrelationskoeffizienten für ordinales (z.B. Spearman's Tau) und nomi-
nales Meßniveau (z.B. Phi-Koeffizient) äußerst kritisch interpretiert werden, obwohl verschiedene Autoren die Faktoranalyse
als ziemlich robustes Verfahren ansehen. Ein knapper Überblick
zu diesem Problem ist in G. Arminger (1979, S.147 ff.) enthalten.

Vektorielle Darstellung des Korrelationskoeffizienten r_{xy}:

Der Prod.-Moment-Korrel.-Koeffizient r_{xy} läßt sich auch graphisch darstellen durch den Winkel zwischen den standardisierten Einheitsvektoren der Varianzen zweier Variablen s_x^2 und
s_y^2 ($s_x^2 = s_y^2 = 1$). Formal gilt dann für r_{xy} das Produkt
zwischen den beiden Vektorenlängen und dem Cosinuswert des
eingeschlossenen Winkels.

Allgemein gilt:

$$r_{xy} = s_x^2 * s_y^2 * \cos(\alpha_{xy}) \ .$$

Beispiele:

$$r_{xy} = s_x^2 * s_y^2 * \cos(0^o) = 1.00$$

$$r_{xy} = s_x^2 * s_y^2 * \cos(90^o) = 0.00$$

$$r_{xy} = s_x^2 * s_y^2 * \cos(180^o) = -1.00$$

Es läßt sich im Beispiel von oben die ganze Korrelationsmatrix
mit den Winkeln zwischen den standardisierten Varianzvektoren
darstellen:

	V1	V2	V3	V4
V1	(0°)	72°	38°	88°
V2		(0°)	36°	53°
V3			(0°)	57°
V4				(0°)

4.1 Erstellung der Korrelationsmatrix

Bei der Erstellung einer zweidimensionalen Korrelationsmatrix nach der sogenannten "R-Technik" handelt es sich um den gebräuchlichsten Anwendungsfall der Faktorenanalyse. Die invertierte R-Technik führt uns zur Q-Analyse (auch Typenanalyse genannt), bei der nach der Ähnlichkeit oder Unähnlichkeit von Merkmalsträgern gesucht wird. Es läßt sich so bestimmen, wie hoch die einzelnen Objekte auf sogenannten "Typenfaktoren" laden. Statt der Q-Analyse zieht man heute clusteranalytische Verfahren vor (s. Kap. 3.1). Eine gründliche Einführung in die Q-Faktorenanalyse gibt U. Baumann (1971).

Cattell beschrieb vier weitere Methoden in die er auch Zeitpunkte mit einbezog (P-, O-, S- und T-Technik). Darauf wird hier nicht weiter eingegangen.

Rohdatenmatrix zur R-Technik:

$$
X = \begin{array}{c|ccccc}
 & \multicolumn{5}{c}{\text{Variable}} \\
\text{Objekt} & 1 & 2 & \ldots k & \ldots m \\
1 & x_{11} & x_{12} & \cdots x_{1k} & \cdots x_{1m} \\
2 & x_{21} & \cdots & & \\
 & \cdot & \cdot & & \cdot \\
 & \cdot & \cdot & & \cdot \\
i & x_{i1} & \cdots & & \\
 & \cdot & \cdot & & \\
n & x_{n1} & x_{n2} & \cdots x_{nk} & \cdots x_{nm}
\end{array}
$$

Korrelationsmatrix (R-Technik):

		Variable			
Variable	1	2	...k	..m
$X \to V = 1$	v_{11}	v_{12}	$\cdots v_{1k}$	$\cdots v_{1m}$
2	v_{21}	$\cdots$		
.	.	.	.	
.	.	.	.	
i	v_{i1}	$\cdots$		
.	.	.		
m	v_{m1}	v_{m2}	$\cdots v_{mk}$	$\cdots v_{mm}$

Korrelationsmatrix (Q-Technik):

		Objekt			
Objekt	1	2	...k	..n
$X \to O = 1$	o_{11}	o_{12}	$\cdots o_{1k}$	$\cdots o_{1n}$
2	o_{21}	$\cdots$		
.	.	.	.	
.	.	.	.	
i	o_{i1}	$\cdots$		
.	.	.		
n	o_{n1}	o_{n2}	$\cdots o_{nk}$	$\cdots o_{nn}$

Programm (5181 Bytes)

```
10 REM * KORRELTIONSMATRIX * T. CHEAIB - C.-M. HAF *
20 PRINT "        ********************************"
30 PRINT "        *                              *"
40 PRINT "        *       KORRELATIONSMATRIX     *"
50 PRINT "        ********************************"
50 PRINT
60 READ M,N,Q
70 PRINT "ANZAHL DER VARIABLEN (MAX. 20):";M
80 PRINT "ANZAHL DER OBJEKTE (MAX. 20):";N
90 PRINT "R- ODER Q-TECHNIK (0/1):";Q
100 IF M<21 AND N<21 THEN 130
110 PRINT "     ANZAHL DER VARIABLEN UND/ODER OBJEKTE ZU GROSS"
120 GOTO 700
130 DIM D(20,20),K(20,20)
140 REM --- EINGABE
150 FOR I=1 TO N
160    FOR J=1 TO M
170            READ D(I,J)
180    NEXT J
190 NEXT I
```

```
200 IF Q=0 THEN 340
210 REM --- INVERTIEREN DER MATRIX FUER Q-TECHNIK
220 Q=M
230 IF N>M THEN LET Q=N
240 FOR I=1 TO Q
250    FOR J=I TO Q
260            X=D(I,J)
270            D(I,J)=D(J,I)
280            D(J,I)=X
290    NEXT J
300 NEXT I
310 Q=M
320 M=N
330 N=Q
340 FOR I=1 TO N
350    K(I,I)=1
360    I1=I+1
370    IF I=N THEN 540
380    FOR J=I1 TO N
390            X0=0
400            X =0
410            X2=0
420            Y =0
430            Y2=0
440            FOR K=1 TO M
450                    X =X +D(I,K)
460                    X2=X2+D(I,K)^2
470                    Y =Y +D(J,K)
480                    Y2=Y2+D(J,K)^2
490                    X0=X0+D(I,K)*D(J,K)
500            NEXT K
510            K(I,J)=(M*X0-X*Y)/SQR((M*X2-X*X)*(M*Y2-Y*Y))
520            K(J,I)=K(I,J)
530    NEXT J
540 NEXT I
550 PRINT
560 PRINT "MATRIX"
570 PRINT "------"
580 FOR I=1 TO N
590    PRINT STR$(I)+":   ";
600    FOR J=1 TO N
610            PRINT USING"###.####";K(I,J);
620    NEXT J
630    PRINT
640 NEXT I
650 REM --------------------
660 DATA 3,4,0
670 DATA 20,24,30,26
680 DATA 30,31,22,22
690 DATA 25,31,19,11
700 END
```

Beispiel

ANZAHL DER VARIABLEN (MAX. 10): 3

ANZAHL DER OBJEKTE (MAX. 20): 4
R- ODER Q-TECHNIK (0/1): 0

MATRIX

```
  1:     1.0000   0.9011   0.9177 -0.9737
  2:     0.9011   1.0000   0.6546 -0.9762
  3:     0.9177   0.6546   1.0000 -0.8030
  4:    -0.9737 -0.9762 -0.8030   1.0000
```

4.2 Exploratorische Faktorenanalyse

Liegen noch keine Hypothesen zur Struktur der Faktoren vor, so wird man sich für exploratorische Methoden der Faktorenextraktion entscheiden. Obgleich es in den meisten Fällen Annahmen zur Variablenstruktur geben dürfte, wird die explorative Faktorenanalyse häufig noch als "Methode der Wahl" eingesetzt.

4.2.1 Extraktion der Faktoren

Zur Extraktion der Faktoren aus der Korrelationsmatrix gibt es heute eine Vielzahl von Methoden. Wir beschränken uns hier auf das eher historisch interessante Zentroid-Verfahren von Thurstone, das wir hier dennoch vorstellen wollen, da der Programmieraufwand gering ist und näherungsweise an die Hauptachsenmethode relativ gute Ergebnisse erzielt werden.

Weber (1974) verwendet die Faktorenladungen des Zentroidverfahrens als Ausgang für die iterative Maximum-Likelihood-Methode.

Im Prinzip werden bei der Zentroidmethode die zueinander orthogonalen Koordinaten so gelegt, daß sie durch die Schwerpunkte (Zentroide) von Punktgruppen (Variablencluster) gehen. Der Nullpunkt des Koordinatensystems ist bekannt und wird beibehalten. Gesucht ist eine möglichst kleine Anzahl von Koordinaten. Die erste Achse (Koordinate) wird durch den Schwerpunkt aller Variablen und dem Nullpunkt gelegt.

Aus den Residualmatrizen lassen sich die weiteren Faktoren extrahieren. Zur Ermittlung des neuen Schwerpunktes ist es notwendig, möglichst wenig negative Vorzeichen zu belassen. Die Umkehrung der Vorzeichen nennt man auch Reflexion oder Spiegelung. Mit der Einführung eines Vorzeichenvektors können Spalten/Zeilen gespiegelt werden. Die Änderungsstrategien des Vorzeichenvektors beinhalten aber den subjektiven Moment der Zentroidmethode, da die Auswahl der zu spiegelnden Spalten-

/Zeilen nicht eindeutig festzulegen ist. Deshalb wurde versucht, durch vorher festgelegte Vorgehensregeln "eindeutige" Lösungen zu bestimmen.

Beendet wird das Verfahren wenn die Residualmatrix einer Nullmatrix hinreichend genau entspricht. Für die Entscheidung über die Anzahl der zu extrahierenden Faktoren gibt es kein allgemein anerkanntes Kriterium. Das von uns benutzte Kriterium stammt von Thurstone und verhindert eher, daß zu wenige Faktoren extrahiert werden. Die endgültige Entscheidung über die Anzahl der interpretierbaren Faktoren sollte erst nach der Rotation erfolgen.

Vorgehensweise bei der Zentroidmethode

1. Ordnung n der Korrelationsmatrix einlesen;
2. Kriterium für Anzahl der Faktoren k:

$$k = (2n+1-\sqrt{8n+1})/2$$

3. Korrelationsmatrix R_{nn} Einlesen:
4. Absolut größter Wert der Spalte bzw. der Zeile wird in die Diagonale D_n geschrieben (Kommunalitätenschätzung);
5. Bilden der Spaltensummen:

$$W_j = \sum_{i=1}^{n} R_{ij} \qquad j=1,\ldots,n$$

6. Vorzeichenvektor für die Spiegelung ermitteln (Ist eine Spaltensumme negativ, werden die Elemente der Spalte gespiegelt und eine neue Summe errechnet);
7. Ermittlung der Ladungszahl:

$$S = 1/\sqrt{\sum_{i=1}^{n} |W_i|}$$

8. Berechnung des l-ten Faktors (l=1,...,k):

$$F_i = W_i * S \qquad i=1,\ldots,n$$

Faktorelemente haben stets Vorzeichen des Vorzeichenvektors;

9. Bildung der Residualmatrix:

$$R_{ij} = R_{ij} - W_i * W_j \qquad \begin{array}{l} i = 1, \ldots, n \\ j = 1, \ldots, n \end{array}$$

10. Falls l<k, so geht es mit Punkt 4. weiter.

Ein BASIC-Programm für die Hauptkomponentenanalyse findet sich in dem Buch von M. Meyer (1984): "Ökologische Datensätze".

Programm (5480 Bytes)

```
10 REM * ZENTROIDMETHODE * T. CHEAIB - C.-M. HAF *
20 PRINT "                    ******************************"
30 PRINT "                    *          ZENTROIDMETHODE          *"
40 PRINT "                    ******************************"
50 PRINT
60 DIM R(25,25),W(25),V(25),D(25)
70 D1$="--------------------------------------"
80 D1$=D1$+D1$
90 M0=0
100 READ N
110 M1=INT((2*N+1-SQR(8*N+1))/2)
120 N1=N-1
130 FOR I=1 TO N1
140     I1=I+1
150     FOR J=I1 TO N
160            READ R(I,J)
170     NEXT J
180 NEXT I
190 FOR I=1 TO N
200     FOR J=1 TO N
210            R(J,I)=R(I,J)
220     NEXT J
230 NEXT I
240 FOR I=1 TO N
250     R(I,I)=1
260     PRINT STR$(I)+":   ";
270     FOR J=1 TO N
280            PRINT USING"###.####";R(I,J);
290     NEXT J
300     PRINT
310 NEXT I
320 REM --- ABSOLUT GROESSTER SPALTENWERT IN DER DIAGONALE
330 M0=M0+1
340 FOR I=1 TO N
350     R(I,I)=0
360 NEXT I
370 FOR J=1 TO N
380     D(J)=0
390     FOR I=1 TO N
400            IF R(I,J)=1 THEN 420
410            IF D(J)<ABS(R(I,J)) THEN LET D(J)=ABS(R(I,J))
```

```
420     NEXT I
430 NEXT J
440 REM --- VORZEICHENVEKTOR ZUR SPIEGELUNG
450 FOR I=1 TO N
460    W(I)=0
470    V(I)=1
480    FOR J=1 TO N
490            W(I)=W(I)+R(I,J)
500    NEXT J
510 NEXT I
520 J=1
530 FOR I=2 TO N
540    IF (W(J)*V(J)-W(I)*V(I))<0 THEN 560
550    J=I
560 NEXT I
570 IF W(J)*V(J)>=0 THEN 640
580 V(J)=-V(J)
590 FOR I=1 TO N
600    W(I)=W(I)+2*R(I,J)*V(J)
610 NEXT I
620 GOTO 520
630 REM --- SPIEGELUNG
640 S=0
650 FOR I=1 TO N
660    W(I)=W(I)+D(I)*V(I)
670 NEXT I
680 FOR I=1 TO N
690    S=S+ABS(W(I))
700 NEXT I
710 PRINT D1$
720 PRINT "SUMME";
730 FOR I=1 TO N
740    PRINT USING"###.####";W(I);
750 NEXT I
760 PRINT
770 PRINT D1$
780 PRINT "GESAMTSUMME ";S
790 REM --- LADUNGSZAHLEN
800 S=1/SQR(S)
810 FOR I=1 TO N
820    W(I)=W(I)*S
830 NEXT I
840 REM --- RESIDUAL-MATRIX
850 FOR I=1 TO N
860    FOR J=1 TO N
870            R(I,J)=R(I,J)-W(I)*W(J)
880    NEXT J
890 NEXT I
900 PRINT
910 PRINT STR$(M0)+".FAKTOR"
920 FOR I=1 TO N
930    PRINT USING"###.####";W(I);
940 NEXT I
950 PRINT
960 PRINT
970 PRINT STR$(M0)+".RESIDUALMATRIX VOR DER SPIEGELUNG"
```

```
980 FOR I=1 TO N
990    PRINT STR$(I)+":   ";
1000    FOR J=1 TO N
1010             PRINT USING"###.####";R(I,J);
1020    NEXT J
1030 PRINT
1040 NEXT I
1050 IF M0<M1 THEN 330
1060 DATA 9
1070 DATA .29,.29,.22,.33,.24,.26,.35,.14
1080 DATA .22,.21,.10,.26,.21,.22,.03
1090 DATA .31,.28,.45,.35,.34,.24
1100 DATA .11,.27,.15,.18,.07
1110 DATA .50,.38,.35,.19
1120 DATA .73,.59,.45
1130 DATA .39,.44
1140 DATA .58
1150 END
```

Ergebnis

```
1:    1.0000   0.2900   0.2900   0.2200   0.3300   0.2400   0.2600
      0.3500   0.1400
2:    0.2900   1.0000   0.2200   0.2100   0.1000   0.2600   0.2100
      0.2200   0.0300
3:    0.2900   0.2200   1.0000   0.3100   0.2800   0.4500   0.3500
      0.3400   0.2400
4:    0.2200   0.2100   0.3100   1.0000   0.1100   0.2700   0.1500
      0.1800   0.0700
5:    0.3300   0.1000   0.2800   0.1100   1.0000   0.5000   0.3800
      0.3500   0.1900
6:    0.2400   0.2600   0.4500   0.2700   0.5000   1.0000   0.7300
      0.5900   0.4500
7:    0.2600   0.2100   0.3500   0.1500   0.3800   0.7300   1.0000
      0.3900   0.4400
8:    0.3500   0.2200   0.3400   0.1800   0.3500   0.5900   0.3900
      1.0000   0.5800
9:    0.1400   0.0300   0.2400   0.0700   0.1900   0.4500   0.4400
      0.5800   1.0000
---------------------------------------------------------------
SUMME 2.4700   1.8300   2.9300   1.8300   2.7400   4.2200   3.6400
      3.5900   2.7200
---------------------------------------------------------------
GESAMTSUMME  25.97

 1.FAKTOR
 0.4847   0.3591   0.5750   0.3591   0.5377   0.8281   0.7143
 0.7045   0.5337
   .
   .
 2.FAKTOR
 0.2734   0.3265   0.2106   0.3353  -0.0693  -0.2728  -0.2276
-0.1910  -0.3717
   .
   .
```

```
3.FAKTOR
-0.2382   0.0727   0.0756   0.1286  -0.1052   0.3045   0.2669
-0.3094  -0.1631
  .
  .
4.FAKTOR
-0.1904  -0.0970   0.1398   0.1738  -0.2990  -0.0667  -0.1726
 0.1578   0.3215
  .
  .
5.FAKTOR
 0.0622   0.2289  -0.1459  -0.1041  -0.2759  -0.1049   0.1457
 0.0904   0.2214

5.RESIDUALMATRIX VOR DER SPIEGELUNG
1:    -0.0039   0.0113   0.0074   0.0245   0.0235  -0.0204  -0.0023
       0.0115  -0.0085
2:     0.0113  -0.0524  -0.0138   0.0029  -0.0287   0.0471  -0.0417
       0.0465  -0.0480
3:     0.0074  -0.0138  -0.0213  -0.0163  -0.0050   0.0024   0.0125
      -0.0103   0.0111
4:     0.0245   0.0029  -0.0163  -0.0108  -0.0231   0.0256  -0.0194
       0.0128  -0.0089
5:     0.0235  -0.0287  -0.0050  -0.0231  -0.0761   0.0190  -0.0031
      -0.0024   0.0173
6:    -0.0204   0.0471   0.0024   0.0256   0.0190  -0.0110  -0.0011
       0.0687   0.0009
7:    -0.0023  -0.0417   0.0125  -0.0194  -0.0031  -0.0011  -0.0212
      -0.0600   0.0409
8:     0.0115   0.0465  -0.0103   0.0128  -0.0024   0.0687  -0.0600
      -0.0082   0.0118
9:    -0.0085  -0.0480   0.0111  -0.0089   0.0173   0.0009   0.0409
       0.0118  -0.0490
```

4.2.2 VARIMAX-Rotation

Die Ergebnisse, wie sie die Zentroidmethode oder z.B. die Hauptfaktorenanalyse liefern, sind meist nicht optimal und müssen weiter verarbeitet werden. Ziel der Rotation ist die aufwendungsarme Reproduktion des Datensatzes mit Hilfe weniger Faktoren bzw. Raumkoordinaten. Geometrisch betrachtet: "Ist die durch die Korrelationsmatrix festgelegte Konfiguration so, daß durch eine Rotation fast alle oder sehr viele Variablen-vektoren in oder nahe an die Koordinatenhyperebenen gebracht werden konnten, dann spricht man von Einfachstruktur, voraus-gesetzt, daß diese Position des Koordinatensystems erreicht ist. Bei einer Zufallskonfiguration kann eine solche eindeutig lokalisierbare Position des Koordinatensystems nicht gefunden werden." (Überla, S.183).

Grob eingeteilt gibt es zwei Gruppen von orthogonalen Rota-tionsverfahren:

> 1. Numerische und
> 2. graphische Methoden.

Mit beiden Verfahrensweisen versucht man sich der Einfach-struktur, wie sie Thurstone definierte, zu nähern (vgl. L. Thurstone 1947).

Einen Kompromiß in Annäherung an die von Thurstone vorgeschla-genen Kriterien stellte H. Kaiser mit der VARIMAX-Rotation vor. Die Methode gründet auf der Maximierung der quadrierten Faktorladungsvarianz. Schließlich ist ein Faktor dann einfach zu interpretieren, wenn die Faktorenladungen nahe bei Null (keine Ladung auf dem jeweiligen Faktor) oder nahe bei ± 1 (hohe Ladung auf dem Faktor) liegen. Das Ladungsmuster eines Faktors ist immer die Grundlage seiner Interpretation. Eine Variable wird demjenigen Faktor zugerechnet auf den sie hoch lädt.

Vorgehensweise bei der VARIMAX-Rotation

1. Eingabe von Faktorenanzahl n und Variablenanzahl m;

2. Einlesen der Faktorenladungen A_{ki} $\qquad$ $i = 1, \ldots, n$

$\qquad\qquad\qquad\qquad\qquad\qquad\qquad\qquad\qquad\qquad$ $k = 1, \ldots, m$

3. Berechnung der Kommunalitäten:

$$C_k = \sum_{i=1}^{n} A_{ki}^2 \qquad\qquad k = 1, \ldots, n$$

4. Normalisierung der Matrix:

$$A'_{ki} = A_{ki} / \sqrt{C_k} \qquad\qquad k = 1, \ldots, n$$

5. Iterative Berechnung der Nullstelle nach Kaiser:

   a) $n1 = n-1$

   b) $U_k = A_{ki}'^2 - A_{kj}'^2$

   c) $V_k = 2 * A'_{ki} * A'_{kj}$

   d) $A1 = \sum_{k=1}^{m} U_k \qquad ; \qquad C1 = \sum_{k=1}^{m} (U_k^2 - V_k^2)$

   $\quad B1 = \sum_{k=1}^{m} V_k \qquad ; \qquad D1 = 2 * \sum_{k=1}^{m} U_k * V_k$

   e) $\tan 4\alpha = \dfrac{D1 - (2*A1*B1/m)}{C1 - ((A1^2 - B1^2)/m)}$

   Hierbei gilt: $i = 1, \ldots, n1$
   $\qquad\qquad\qquad j = i+1, \ldots, n$
   $\qquad\qquad\qquad k = 1, \ldots, m$

6. $A''_{ki} = A'_{ki} * \cos\alpha + A'_{kj} * \sin\alpha$ $\qquad$ $i = 1, \ldots, n$

   $A''_{kj} = -A'_{ki} * \sin\alpha + A'_{kj} * \cos\alpha$ $\qquad$ $j = 1, \ldots, n$

   $\qquad\qquad\qquad\qquad\qquad\qquad\qquad\qquad\qquad\qquad$ $k = 1, \ldots, m$

7. Rückgängigmachung der Normalisierung:

$$A_{ki} = A''_{ki} * \sqrt{C_k} \qquad\qquad i = 1, \ldots, n$$

$\qquad\qquad\qquad\qquad\qquad\qquad\qquad\qquad\qquad\qquad$ $k = 1, \ldots, m$

8. Berechnung der Varianzanteile:

$$V_k = (\sum_{i=1}^{m} A_{ki}^2)/m \qquad\qquad k = 1, \ldots, n$$

Beispiel

Herrmann referiert in seinem "Lehrbuch der Empirischen Persönlichkeitsforschung" eine 1964 von Lienert veröffentlichte
Studie zum Intelligenz-Struktur-Test (IST). Lienert unter-
suchte damals eine Stichprobe von 65 Studenten mit dem Intel-
ligenztest von Amthauer. Der IST enthält neun Subtest:

> Satzergänzung (SE),
>
> Wortauswahl (WA),
>
> Analogien (AN),
>
> Gemeinsamkeiten (GE),
>
> Merkaufgaben (ME),
>
> Rechenaufgaben (RA),
>
> Zahlenreihen (ZR),
>
> Figurenauswahl (FA),
>
> Würfelaufgaben (WÜ).

Aus der Rohdatenmatrix ließ sich folgende Korrelationsmatrix
errechnen:

	SE	WA	AN	GE	ME	RA	ZR	FA	WÜ
SE									
WA	.29								
AN	.29	.22							
GE	.22	.21	.31						
ME	.33	.10	.28	.11					
RA	.24	.26	.45	.27	.50				
ZR	.26	.21	.35	.15	.38	.73			
FA	.35	.22	.34	.18	.35	.59	.39		
WÜ	.14	.03	.24	.07	.19	.45	.44	.58	

Demnach besteht zwischen den Untertests WA und WÜ mit
$r_{WA,WÜ}$ = 0.03 nahezu kein Zusammenhang, wohingegen RA und ZR
mit $r_{RA,ZR}$ = 0.73 immerhin 53 Prozent der gemeinsamen Varianz
erklärt. Eine solche erste Beurteilung der Korrelationsmatrix
zeigt noch nicht, inwieweit sich das Variablengefüge gegenseitig bedingt und auf welche Faktoren die Variablen reduziert
werden können.

Das unrotierte Ergebnis der Faktorenanalyse ist noch wenig brauchbar, da die Merkmale hier meist nur auf dem ersten Faktor hoch laden.

Unrotierte Faktoren:

Merkmal	Faktor 1	2	3	4	5
SE	0.4847	0.2734	-0.2382	-0.1904	0.0622
WA	0.3591	0.3265	0.0727	-0.0970	0.2289
AN	0.5750	0.2106	0.0756	0.1398	-0.1459
GE	0.3591	0.3353	0.1286	0.1738	-0.1041
ME	0.5377	-0.0693	-0.1052	-0.2990	-0.2759
RA	0.8281	-0.2728	0.3045	-0.0667	-0.1049
ZR	0.7143	-0.2276	0.2669	-0.1726	0.1457
FA	0.7045	-0.1910	-0.3094	0.1578	0.0904
WÜ	0.5337	-0.3717	-0.1631	0.3215	0.2214

Nach der VARIMAX-Rotation ergibt sich folgendes Zahlenbild:

Merkmal	Faktor 1	2	3	4	5
SE	0.0269	0.1771	-0.1610	-0.3631	0.4655
WA	0.1399	0.2165	-0.0275	-0.0178	0.4849
AN	0.2052	0.5214	-0.1911	-0.2038	0.1717
GE	0.0720	0.5099	-0.0336	-0.0451	0.1751
ME	0.2960	0.1270	-0.1163	-0.5866	0.0952
RA	0.7589	0.3057	-0.3282	-0.2970	0.0540
ZR	0.7051	0.1151	-0.2912	-0.1756	0.2412
FA	0.1903	0.1677	-0.6882	-0.3032	0.1778
WÜ	0.2436	0.0644	-0.7335	-0.0090	0.0197

Auf dem ersten Faktor laden nun die Untertests RA und ZR hoch, was plausibel erscheint, da für beide Aufgabentypen der Umgang mit numerischem Material verlangt wird. Auch die hohe Ladung von FA und WÜ beim dritten Faktor kann mit Hilfe von geometrisch-analytischen Fähigkeiten erklärt werden. Beim zweiten Faktor finden sich die Untertests AN und GE: Für beide Leistungen dürfte wiederum eine spezielle kognitive Struktur verantwortlich sein. Das gleiche gilt für die sprachgebundenen Tests SE und WA beim 5. Faktor. Eine gewisse Sonderstellung fand sich bei der Unterskala ME (4. Faktor).

Aufgrund dieser Analyse konnte belegt werden, daß zumindest in
der untersuchten Studentenstichprobe der Intelligenz-Struktur-
Test mehrere voneinander abhängige Skalen enthält.

Ergebnisse

ORTHOGONALE ROTATION VON 5 FAKTOREN MIT 9 VARIABLEN

```
1.FAKTOR
0.4847   0.3591   0.5750   0.3591   0.5377   0.8281   0.7143
0.7045   0.5337
2.FAKTOR
0.2734   0.3265   0.2106   0.3353  -0.0693  -0.2728  -0.2276
-0.1910  -0.3717
3.FAKTOR
-0.2382   0.0727   0.0756   0.1286  -0.1052   0.3045   0.2669
-0.3094  -0.1631
4.FAKTOR
-0.1904  -0.0970   0.1398   0.1738  -0.2990  -0.0667  -0.1726
0.1578   0.3215
5.FAKTOR
0.0622   0.2289  -0.1459  -0.1041  -0.2759  -0.1049   0.1457
0.0904   0.2214
```

```
KOMMUNALITAETEN
VARIABLE 1 :     0.40654
VARIABLE 2 :     0.30264
VARIABLE 3 :     0.42147
VARIABLE 4 :     0.29894
VARIABLE 5 :     0.47045
VARIABLE 6 :     0.86832
VARIABLE 7 :     0.68421
VARIABLE 8 :     0.66155
VARIABLE 9 :     0.60201
```

```
ERGEBNISSE DER ROTIERTEN FAKTOREN
VARIABLE 1:    0.0269    0.1771   -0.1610   -0.3631    0.4655
VARIABLE 2:    0.1399    0.2165   -0.0275   -0.0178    0.4849
VARIABLE 3:    0.2052    0.5214   -0.1911   -0.2038    0.1717
VARIABLE 4:    0.0720    0.5099   -0.0336   -0.0451    0.1751
VARIABLE 5:    0.2960    0.1270   -0.1163   -0.5866    0.0952
VARIABLE 6:    0.7589    0.3057   -0.3282   -0.2970    0.0540
VARIABLE 7:    0.7051    0.1151   -0.2912   -0.1756    0.2412
VARIABLE 8:    0.1903    0.1677   -0.6882   -0.3032    0.1778
VARIABLE 9:    0.2436    0.0644   -0.7335   -0.0090    0.0197
```

```
VARIANZANTEILE IN PROZENT
FAKTOR 1 :     14.710
FAKTOR 2 :      8.502
FAKTOR 3 :     14.245
FAKTOR 4 :      8.121
FAKTOR 5 :      6.824
```

Programm   (6464 Bytes)

```
10 REM * VARIMAX ROTATION * T. CHEAIB - C.-M. HAF *
20 PRINT TAB(20);"********************************"
30 PRINT TAB(20);"*       VARIMAX ROTATION       *"
40 PRINT TAB(20);"********************************"
50 PRINT
60 DIM A(25,25),C(25)
70 READ N,M
80 IF N>1 THEN 110
90 PRINT "MINDESTANZAHL DER FAKTOREN IST ZWEI!!"
100 GOTO 1380
110 PRINT
120 PRINT
130 PRINT "ORTHOGONALE ROTATION VON";N;"FAKTOREN MIT";M;
    "VARIABLEN"
140 PRINT
150 FOR J=1 TO N
160    PRINT STR$(J)+".FAKTOR "
170    FOR K=1 TO M
180          READ A(K,J)
190          PRINT USING"###.####";A(K,J);
200    NEXT K
210    PRINT
220 NEXT J
230 PRINT
240 PRINT "KOMMUNALITAETEN"
250 FOR J=1 TO M
260    C(J)=0
270    FOR K=1 TO N
280          C(J)=C(J)+A(J,K)^2
290    NEXT K
300    PRINT "VARIABLE";J;": ";USING"####.#####";C(J)
310    C(J)=SQR(C(J))
320    FOR K=1 TO N
330          A(J,K)=A(J,K)/C(J)
340    NEXT K
350 NEXT J
360 REM --- NORMALISIEREN
370 N1=N-1
380 N0=0
390 FOR I=1 TO N1
400    I1=I+1
410    FOR J=I1 TO N
420          A1=0
430          B1=0
440          C1=0
450          D1=0
460          FOR K=1 TO M
470                U=A(K,I)^2-A(K,J)^2
480                V=A(K,I)*A(K,J)*2
490                A1=A1+U
500                B1=B1+V
```

```
510                   C1=C1+U*U-V*V
520                   D1=D1+U*V*2
530           NEXT K
540           M0=M
550           Q1=D1-2*A1*B1/M0
560           Q0=C1-(A1^2-B1^2)/M0
570           IF (ABS(Q1)+ABS(Q0))<=0 THEN 910
580           IF (ABS(Q1)-ABS(Q0))=0 THEN 770
590           IF (ABS(Q1)-ABS(Q0))>0 THEN 690
600           M0=ABS(Q1/Q0)
610           IF (M0-.00116)<0 THEN 650
620           C0=COS(ATN(M0))
630           S0=SIN(ATN(M0))
640           GOTO 790
650           IF Q0=>0 THEN 910
660           S3=.70710678
670           C3=S3
680           GOTO 930
690           M0=ABS(Q0/Q1)
700           IF (M0-.00116)<0 THEN 740
710           S0=1/SQR(1+M0^2)
720           C0=S0*M0
730           GOTO 790
740           C0=0
750           S0=1
760           GOTO 790
770           C0=.70710678
780           S0=C0
790           M0=SQR((1+C0)*.5)
800           C2=SQR((1+M0)*.5)
810           S2=S0/(4*C2*M0)
820           IF Q0=>0 THEN 860
830           C3=.70710678*(C2+S2)
840           S3=.70710678*(C2-S2)
850           GOTO 880
860           C3=C2
870           S3=S2
880           IF Q1=>0 THEN 930
890           S3=-S3
900           GOTO 930
910           N0=N0+1
920           GOTO 980
930           FOR K=1 TO M
940                   M0=A(K,I)*C3+A(K,J)*S3
950                   A(K,J)=A(K,J)*C3-A(K,I)*S3
960                   A(K,I)=M0
970           NEXT K
980    NEXT J
990 NEXT I
1000 IF (N0-(N*N1)/2)<>0 THEN 380
1010 REM --- RUECKGAENGIGMACHEN DER NORMALISIERUNG
1020 FOR K=1 TO M
1030    FOR L=1 TO N
1040            A(K,L)=A(K,L)*C(K)
1050    NEXT L
1060 NEXT K
```

```
1070 PRINT
1080 PRINT "ERGEBNISSE DER ROTIERTEN FAKTOREN"
1090 FOR J=1 TO M
1100    PRINT "VARIABLE"+STR$(J)+": ";
1110    FOR K=1 TO N
1120          PRINT USING"####.####";A(J,K);
1130    NEXT K
1140    PRINT
1150 NEXT J
1160 REM =======================
1170 FOR J=1 TO N
1180    C(J)=0
1190    FOR K=1 TO M
1200          C(J)=C(J)+A(K,J)^2
1210    NEXT K
1220 NEXT J
1230 FOR J=1 TO N
1240    C(J)=100*C(J)/M
1250 NEXT J
1260 PRINT
1270 PRINT "VARIANZANTEILE IN PROZENT"
1280 FOR J=1 TO N
1290    PRINT "FAKTOR";J;": ";USING"#####.###";C(J)
1300 NEXT J
1310 DATA 5,9
1320 DATA .48469,.3591,.57495,.3591,.53767,.82809,.71427
1330 DATA .70446,.53374,.27343,.32649,.2106,.33527,-.06929
1340 DATA -.27282,-.22757,-.191,-.37167,-.23821,.07273,.07555
1350 DATA .12864,-.10524,.30448,.2669,-.3094,-.16308,-.19035
1360 DATA -.09701,.13984,.17378,-.29897,-.06673,-.17257,.15783
1370 DATA .3215,.06224,.22888,-.14591,-.1041,-.27587,-.10486
1375 DATA .14567,.09039,.22143
1380 END
```

4.3 Konfirmatorische Faktorenanalyse

Gibt es keine Vorinformation, wie die einzelnen Variablen auf den jeweiligen Faktoren laden, ist es sicher notwendig (wie oben) eine exploratorische Faktorenanalyse durchzuführen. Haben wir hingegen bereits gewisse Erwartungen hinsichtlich der Ladungsmuster, und das dürfte bei den meisten Forschungsvorhaben der Fall sein, bietet sich eher die konfirmatorische Faktorenanalyse an. Mit der konfirmatorischen Faktorenanalyse lassen sich komplexe Modelle empirisch überprüfen.

Vorgehensweise bei der konfirmatorischen Faktorenanalyse

1. Anzahl der zu extrahierenden Faktoren n und Ordnung m der Korrelationsmatrix einlesen;
2. Korrelationsmatrix R_{mm} Einlesen;
3. Für Faktor l (l=1,...,n) die Ladungsmuster V_m der Hypothesenvektoren einlesen;
4. Berechnung der Spaltensummen:

$$W_k = \sum_{i=1}^{m} V_i * R_{ik} \qquad\qquad k=1,\ldots,m$$

5. Ermittlung der Gesamtladungszahl:

$$S = 1 / \sqrt{\sum_{i=1}^{m} W_i * V_i}$$

6. Ermittlung der normierten Ladungsmuster:

$$L_i = V_i * S \qquad\qquad i=1,\ldots,m$$

7. Rotierte Faktoren:

$$A_{il} = \sum_{i=1}^{m} R_{ij} * L_i \qquad\qquad \begin{matrix} j=1,\ldots,m \\ l=1,\ldots,m \end{matrix}$$

8. Bildung der Residualmatrix:

$$R_{jk} = R_{jk} - A_{jl} * A_{kl} \qquad\qquad \begin{matrix} j=1,\ldots,m \\ k=1,\ldots,m \\ l=1,\ldots,n \end{matrix}$$

9. Varianzanteile ermitteln:

$$\bar{V}_j = (\sum_{j=1}^{n} A_{kj}^2)/m \qquad\qquad k=1,\ldots,m$$

10. Berechnung der kumulierten Faktoren:

$$F_j = \sum_{i=1}^{j} \bar{V}_i \qquad\qquad j=1,\ldots,n$$

11. Berechnung der Kommunalitäten:

$$K_j = \sum_{i=1}^{n} A_{ji}^2 \qquad\qquad j=1,\ldots m$$

Beispiel

Zur späteren Untersuchung von Gedächtnisstörungen nach schwerem Schädelhirntrauma interessiert einen Psychophysiologen der Zusammenhang von sieben gebräuchlichen Gedächtnisstests. Er geht davon aus, daß vier Tests auf einem Faktor und die drei anderen Tests auf einem zweiten Faktor laden müßten, falls seine Grundannahmen zu den Gedächtnisfunktionen richtig sind.

Er notiert sich die Hypothesenfaktoren wie folgt:

Faktor	I	II
Test 1	1	0
Test 2	1	0
Test 3	1	0
Test 4	1	0
Test 5	0	1
Test 6	0	1
Test 7	0	1

Nach der Rotation erhält er das Ergebnis:

Faktor	I	II
Test 1	0.8202	0.0680
Test 2	0.8596	-0.0592
Test 3	0.8753	0.0385
Test 4	0.7660	-0.0473
Test 5	0.0705	0.8392
Test 6	0.2824	0.8531
Test 7	0.2391	0.8736

Das Ergebnis bestätigt die Annahmen des Forschers. Die beiden Faktoren erklären 73% dere Varianz. Allerdings laden die Tests 6 und 7 mit über .2 auch auf dem ersten Faktor.

Ergebnis

EXTRAKTION VON 2 FAKTOREN MIT 7 VARIABLEN

```
1:    1.0000   0.5570   0.6730   0.4940   0.2270   0.1260   0.3070
2:    0.5570   1.0000   0.7410   0.5570  -0.0760   0.3150   0.1180
3:    0.6730   0.7410   1.0000   0.4930   0.1810   0.1960   0.2400
4:    0.4940   0.5570   0.4930   1.0000  -0.0980   0.3010   0.1290
5:    0.2270  -0.0760   0.1810  -0.0980   1.0000   0.5840   0.6110
6:    0.1260   0.3150   0.1960   0.3010   0.5840   1.0000   0.7720
7:    0.3070   0.1180   0.2400   0.1290   0.6110   0.7720   1.0000
```

ERWARTETE LADUNGSMUSTER (HYPOTHESEN)
```
  1.00   1.00   1.00   1.00   0.00   0.00   0.00
  0.00   0.00   0.00   0.00   1.00   1.00   1.00
```

VARIANZANTEILE
FAKTOR 1 :   41.522   KUMULIERT   41.522
FAKTOR 2 :   31.528   KUMULIERT   73.050

KOMMUNALITAETEN
VARIABLE 1 :   0.6774
VARIABLE 2 :   0.7425
VARIABLE 3 :   0.7676
VARIABLE 4 :   0.5890
VARIABLE 5 :   0.7092
VARIABLE 6 :   0.8075
VARIABLE 7 :   0.8203

ROTIERTE FAKTOREN
VARIABLE 1 :   0.8202   0.0680
VARIABLE 2 :   0.8596   -0.0592
VARIABLE 3 :   0.8753   0.0385
VARIABLE 4 :   0.7660   -0.0473
VARIABLE 5 :   0.0705   0.8392
VARIABLE 6 :   0.2824   0.8531
VARIABLE 7 :   0.2391   0.8736

RESIDUAL MATRIX
```
1:    0.3226  -0.1441  -0.0475  -0.1311   0.1121  -0.1637   0.0515
2:   -0.1441   0.2575  -0.0092  -0.1043  -0.0869   0.1227  -0.0358
3:   -0.0475  -0.0092   0.2324  -0.1757   0.0870  -0.0841  -0.0029
4:   -0.1311  -0.1043  -0.1757   0.4110  -0.1122   0.1250  -0.0128
5:    0.1121  -0.0869   0.0870  -0.1122   0.2908  -0.1518  -0.1390
6:   -0.1637   0.1227  -0.0841   0.1250  -0.1518   0.1925  -0.0407
7:    0.0515  -0.0358  -0.0029  -0.0128  -0.1390  -0.0407   0.1797
```

Programm (8178 Bytes)

```
10 REM * KONFIRMATORISCHE FAKTORENANALYSE * CHEAIB/HAF *
20 PRINT TAB(12);"*****************************************"
30 PRINT TAB(12);"*      KONFIRMATORISCHE FAKTORENANLYSE      *"
40 PRINT TAB(12);"*****************************************"
50 PRINT
60 DIM R(25,25),A(25,25),V(25),W(25)
```

```
70  PRINT
80  READ M,N
90  PRINT "EXTRAKTION VON";N;"FAKTOREN MIT";M;"VARIABLEN"
100 PRINT
110 FOR I=1 TO M
120    R(I,I)=1
130 NEXT I
140 NN=M-1
150 FOR I=1 TO NN
160    II=I+1
170    FOR J=II TO M
180           READ R(I,J)
190    NEXT J
200 NEXT I
210 FOR I=1 TO M
220    FOR J=1 TO M
230           R(J,I)=R(I,J)
240    NEXT J
250 NEXT I
260 FOR I=1 TO M
270    PRINT STR$(I)+":   ";
280    FOR J=1 TO M
290           PRINT USING"###.####";R(I,J);
300    NEXT J
310    PRINT
320 NEXT I
330 REM
340 PRINT
350 PRINT "ERWARTETE LADUNGSMUSTER (HYPOTHESEN)"
360 FOR L=1 TO N
370    FOR J=1 TO M
380           READ V(J)
390           PRINT USING"###.##";V(J);
400    NEXT J
410    PRINT
420    FOR J=1 TO M
430           W(J)=0
440           FOR K=1 TO M
450                  W(J)=W(J)+V(K)*R(K,J)
460           NEXT K
470    NEXT J
480    S=0
490    FOR J=1 TO M
500           S=S+W(J)*V(J)
510    NEXT J
520    S=1/SQR(S)
530    FOR J=1 TO M
540           W(J)=V(J)*S
550    NEXT J
560    FOR J=1 TO M
570    A(J,L)=0
580           FOR K=1 TO M
590                  A(J,L)=A(J,L)+R(J,K)*W(K)
600           NEXT K
610    NEXT J
620 REM --- RESIDUAL MATRIX
```

```
630    FOR J=1 TO M
640            FOR K=1 TO M
650                    R(J,K)=R(J,K)-A(J,L)*A(K,L)
660            NEXT K
670    NEXT J
680 NEXT L
690 REM
700 FOR J=1 TO N
710    V(J)=0
720    FOR K=1 TO M
730            V(J)=V(J)+A(K,J)*A(K,J)
740    NEXT K
750 NEXT J
760 PRINT
770 PRINT "VARIANZANTEILE"
780 C=0
790 FOR J=1 TO N
800    V(J)=100*V(J)/M
810    C=C+V(J)
820    W(J)=C
830 NEXT J
840 FOR J=1 TO N
850 PRINT "FAKTOR";J;": ";USING"####.###";V(J);
860 PRINT "   KUMULIERT ";USING"####.###";W(J)
870 NEXT J
880 FOR J=1 TO M
890    V(J)=0
900    FOR K=1 TO N
910            V(J)=V(J)+A(J,K)*A(J,K)
920    NEXT K
930 NEXT J
940 PRINT
950 PRINT "KOMMUNALITAETEN"
960 FOR J=1 TO M
970    PRINT "VARIABLE";J;": ";USING"###.####";V(J)
980 NEXT J
990 PRINT
1000 PRINT "ROTIERTE FAKTOREN"
1010 FOR J=1 TO M
1020    PRINT "VARIABLE";J;": ";
1030            FOR K=1 TO N
1040                    PRINT USING"###.####";A(J,K);
1050            NEXT K
1060    PRINT
1070 NEXT J
1080 PRINT
1090 PRINT "RESIDUAL MATRIX"
1100 FOR I=1 TO M
1110    PRINT STR$(I)+":   ";
1120    FOR K=1 TO M
1130            PRINT USING"###.####";R(I,K);
1140    NEXT K
1150    PRINT
1160 NEXT I
1170 DATA 7,2
1180 DATA .557,.673,.494,.227,.126,.307
```

```
1190 DATA .741,.557,-.076,.315,.118
1200 DATA .493,.181,.196,.24
1210 DATA -.098,.301,.129
1220 DATA .584,.611
1230 DATA .772
1240 DATA 1,1,1,1,0,0,0          ,0,0,0,0,1,1,1
1250 END
```

Literatur

Arminger, G.: Faktorenanlyse. Statistik für Soziologen 3. Stuttgart 1979.

Baumann, U.: Psychologische Taxometrie. Bern 1971.

Cooley, W. & P. Lohnes: Multivariate Data Analysis. New York 1971.

Herrmann, T.: Lehrbuch der empirischen Persönlichkeitsforschung. Göttingen 1976.

Holm, K.: Die Befragung 3. Die Faktorenanalyse. München 1976.

(*) Horst, P.: Factor Analysis of Data Matrices. New York 65.

Kaiser, H.F.: The Varimax Criterion for Analytic Rotation in Factor Analysis. Psychometrika 27, 1962, S.335-354.

Kaiser, H.F.: Computer Program for Varimax Rotation in Factor Analysis. Educational and Psychological Measurement 19, 1959, S.413-420.

Lienert, G.A. & H.W. Croft: Studies on the Factor Structure of Intelligence in Children, Adolescents und Adults. Vita Humann 7, 1964, S.147-163.

Meyer, M.: Ökologische Datensätze. Braunschweig 1984.

Overall, J.E.: Orthogonal Factors and Uncorrelated Factor Scores. Psychological Reports 10, 1962, S.651-662.

Revenstorf, D.: Faktoranalyse. Stuttgart 1980.

Thurstone, L.: Multiple-Factor-Analysis. Chicago 1947.

(*) Überla: Faktoranalyse. Berlin, Heidelberg, New York 1968.

Veldman, D.J.: Fortran Programming for the Behavioral Science 1967.

Weber, E.: Einführung in die Faktoranalyse. Stuttgart 1974.

Anhang

BASIC und Matrixalgebra

1. BASIC

Für fast alle Mikrocomputersysteme stehen inzwischen BASIC-Interpreter oder -Compiler zur Verfügung. Es gibt eine Vielzahl von BASIC-Sprachen, die es notwendig machen, Programme mit den elementarsten Anweisungen, Operationen und Funktionen auszustatten. Nur so ist es möglich, daß die Programme auf den meisten Maschinen lauffähig sind, bzw. mit vertretbarem Aufwand angepaßt werden können.

Die Beschreibung der BASIC-Anweisungen und Ausdrücke sind den Benutzermanualen der einzelnen BASIC-Sprachen zu entnehmen.

2. MATRIXALGEBRA

2.1 Definitionen:

- **Matrix:** Eine Matrix ist eine Gruppe von Zahlen (Elemente) die in m-Zeilen und n-Spalten geordnet sind. In der Mathematik wird sie mit Großbuchstaben bezeichnet: z.B. A_{mn}. Die Ordnung der Matrix ergibt sich aus der Multiplikation der Zahlen m und n.

- **Vektor:** Ein Vektor ist ein Sonderfall der Matrix. Die Anzahl der Zeilen m oder der Spalten n ist hier eins. Man spricht von Spaltenvektoren bei m=1, bzw. von Zeilenvektoren bei n=1. Vektoren werden meist mit Kleinbuchstaben bezeichnet.

- **Skalar:** Ein Skalar ist eine einzeilige und einspaltige Matrix (Ordnung 1X1=1), d.h. eine Zahl.

2	7	2
3	6	7

A_{23}

Matrix

5
3
1

Spaltenvektor

5	3	1

Reihenvektor

7

Skalar

2.2 Einige Eigenschaften und Begriffe:

- Zwei Matrizen mit den gleichen Zeilen- und Spaltenele-
  menten (A_{mn} und B_{mn}) sind **gleich**, wenn die einzelnen
  Elemente gleich sind, d.h.: $A_{mn} = B_{mn}$.
- Für die Matrix A_{mn} erhält man die **transponierte Matrix**
  A'_{nm}, so daß das Element $a'_{ji} = a_{ij}$.

2	8
4	9
1	0

A_{32}

2	4	1
8	9	0

A'_{23}

In BASIC:
```
100 M=3
110 N=2
120 FOR I=1 TO M
130 FOR J=1 TO N
140 T(J,I)=A(I,J)
150 NEXT J
160 NEXT I
```

- Eine Matrix heißt **quadratisch**, wenn die Anzahl der
  Zeilen und Spalten gleich ist (m=n).
- Eine quadratische Matrix ist **symmetrisch**, wenn die
  Bedingung $a_{ij} = a_{ji}$ für alle Elemente erfüllt ist.

7	8	1
2	0	4
3	6	3

quadrat. Matrix

1	6	3
6	4	0
3	0	5

symmetr. Matrix

- Eine **Diagonalmatrix** ist eine symmetrische Matrix, bei der alle Elemente mit Ausnahme der Diagonale Null sind.
- Die **Einheitsmatrix** ist eine Diagonalmatrix, in der alle Diagonalelemente $a_{ii}=1$.

Diagonalmatrix   Einheitsmatrix   Nullmatrix

- Sind alle Elemente einer Matrix Null, so spricht man von einer **Nullmatrix**.

2.3 Rechenoperationen:

2.3.1 **Addition und Subtraktion**

Nur Matrizen gleicher Größe, d.h. gleicher Zeilen- und Spaltengrößen, dürfen addiert oder subtrahiert werden. Dabei werden die Elemente der beiden Matrizen einzeln addiert bzw. subtrahiert, d.h.:

$$a_{ij} \overset{+}{-} b_{ij} = c_{ij}$$

Beispiel:

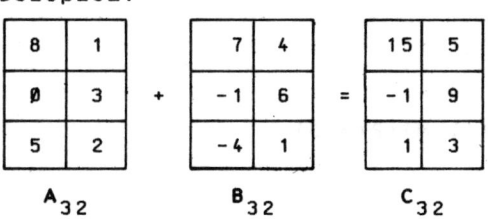

A$_{32}$ B$_{32}$ C$_{32}$

```
In BASIC:    100 M=3
             110 N=2
             120 FOR I=1 TO M
             130 FOR J=1 TO N
             140 C(I,J)=A(I,J)+B(I,J)
             150 NEXT J
             160 NEXT I
```

2.3.2 Multiplikation

Matrizen können nur dann miteinander multipliziert werden,
wenn die Anzahl der Spalten der ersten Matrix gleich der
Anzahl der Zeilen der zweiten Matrix ist. Die Produktmatrix
hat die Anzahl der Zeilen der zweiten Matrix und die Anzahl
der Spalten der zweiten Matrix.

Es sei das Produkt C der Matrizen A_{kl} und B_{mn} zu bilden. Nach
der Voraussetzung $l=m$ gilt:

$$C_{kn} = A_{kl} * B_{ln}$$

Dabei gilt für ein Element der Matrix C_{kn}

$$c_{ij} = \sum_{p=1}^{l} a_{ip} * b_{pn}$$

Beispiel:

$$A_{23} \qquad * \qquad B_{32} \qquad = \qquad C_{22}$$

```
In BASIC:    100 K=2
             110 L=3
             120 N=2
             130 FOR I=1 TO K
             140 FOR J=1 TO N
             150 C(I,J)=0
             160 FOR M=1 TO L
             170 C(I,J)=C(I,J)+A(I,M)*B(M,J)
             180 NEXT M
             190 NEXT J
             200 NEXT I
```

110

2.3.3 Division

Die Division der Matrix A_{kl} zu B_{ln} ist eine Multiplikation von A_{kl} mit B_{ln}^{-1}. B_{ln}^{-1} ist die reziproke Matrix oder Inverse-Matrix von B_{ln}. Für die Berechnung einer Inverse-Matrix wird auf die Fachliterartur verwiesen.

2.3.4 Determinante

Unter einer Determinante einer quadratischen Matrix mit n Zeilen und n Spalten versteht man die Zahl D, die sich nach folgender Formel errechnet:

$$D = |a_{ij}| = \Sigma \; (-1)^k * a_{1\alpha} * a_{2\beta} * \ldots * a_{n\omega}$$

Dabei sind α, β,...,ω alle n! möglichen Permutationen der Zahlen 1,2,...,n. Das Vorzeichen vor jedem Glied der Determinante wird durch die Zahl k der Inversionen in jeder Permutation bestimmt. a_{ij} sind die Elemente der Matrix. Näheres darüber siehe: Bronstein, 1979.

Beispiel:

$$A = \begin{array}{|c|c|} \hline 4 & 6 \\ \hline 2 & 5 \\ \hline \end{array} \quad ; \quad D = \begin{vmatrix} 4 & 6 \\ 2 & 5 \end{vmatrix} = 4*5 - 2*6 = 8 \quad .$$

Literatur

Ayres, F.Jr.: Matrizen. New York 1978.

Bronstein I.N. & K.A. Semendjajew: Taschenbuch der Mathematik. Fankfurt/Main 1979, S.125-127,139.

Busch, R. & S.: Basic. Matrix-Operationen. München 1984.

Gröbner, W.: Matrizenrechnung. Mannheim 1966.

Schwill, W.-D. & R. Weibezahn: Einführung in die Programmiersprache BASIC. Braunschweig 1976.

Zurmühl, R.: Matrizen und ihre technische Anwendungen. Berlin 1964.

Stichwortverzeichnis

Die Programme wurden auf einem Personal-Computer mit CP/M Betriebssystem entwickelt. Wer sich Eintipparbeit und Fehlersuche ersparen will, kann von den Autoren die Software auf Floppy-Disk mit IBM-Standardformat gegen einen Unkostenbeitrag anfordern. Bei der Bestellung sind Angaben über das Betriebssystem (nur CP/M oder MS-DOS), sowie über Diskettengröße (5 1/4" oder 8") erforderlich. Kontaktadresse:

Taysir Cheaib
Valerystr. 61
8044 Unterschleißheim